DAS UFO-BUCH

гора Фаррингтон
Северное болото
Кобаевый остров
гора Стойковича
Сусловская воронка
озерцо
Заимка Кулика
болото
Клюквенная воронка
острова
Южное
Ручей Чургим
водопад
р.Хушма

DAS UFO-BUCH

EINE CHRONOLOGISCHE REISE
VON KORNKREISEN ZU HIMMELSSCHLACHTEN

JOHN MICHAEL GREER

Librero

Originalausgabe: THE UFO BOOK: A Chronological Journey from Crop Circles to Roswell

Hambakenwetering 8B
5231 DC 's-Hertogenbosch
Niederlande
www.librero-ibp.com

Die Originalausgabe erschien bei Union Square & Co., LLC,
einem Imprint von Sterling Publishing Co., Inc.
Diese Ausgabe entstand in Zusammenarbeit mit Union Square & Co., LLC, einem Imprint
von Sterling Publishing Co., Inc., 33 East 17th Street, New York, NY, USA, 10003

Umschlag und Layout der Buchinnenseiten von Erik Jacobsen
Umschlagabbildungen von Aaron Lowell Denton
Abbildungsnachweis: siehe Seite 208

Aus dem Englischen übersetzt von
Klaus Kramp, Köln (Einleitung, S. 1–101) und
Ursula Fethke, Köln (S. 103–199)
Satz der deutschsprachigen Ausgabe:
Ute Conin, Köln

Printed by GPS in BiH, GRA102025

ISBN: 978-94-6499-146-8

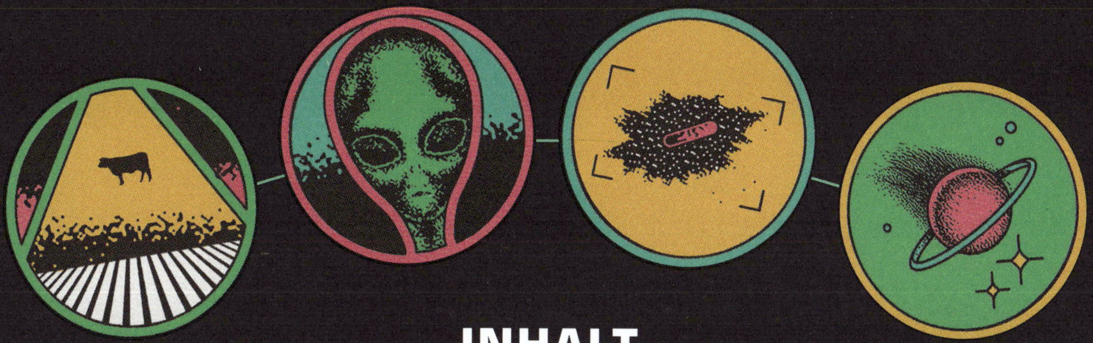

INHALT

EINLEITUNG

„Man sieht etwas, man weiß aber nicht was."

Mit diesen Worten fasste der Schweizer Psychologe Carl G. Jung die UFO-Kontroverse von 1958 zusammen. Es ist immer noch eine zutreffende Beschreibung. Viele Menschen haben ihre eigenen Theorien darüber, was die geheimnisvollen Objekte am Himmel sein könnten oder sein müssen oder bestimmt nicht sein können, doch fehlt der Beweis, der irgendeine dieser Theorien stützen würde.

Sind Unidentifizierte Flugobjekte (oder UAPs, „Unidentifizierte Anomale Phänomene", wie die US-Regierung sie jetzt bezeichnet) Raumschiffe von anderen Planeten mit außerirdischen Astronauten? Sind sie, wie Jung glaubte, Erscheinungsformen der Tiefenschichten unserer Seele, die plötzlich auftauchen, um uns vor Veränderungen im Bewusstsein zu warnen? Sind sie die neueste Erscheinung jener seltsamen Wesen, die Menschen im Altertum Götter, Geister oder Elfen nannten? Sind sie, wie einige Ufologen in den 1950er-Jahren vermuteten, Lebewesen aus der oberen Atmosphäre? Ist das ganze Phänomen oder ein Teil davon das Ergebnis einer bewussten Täuschung seitens einer oder mehrerer Regierungen, um Experimentalflugzeuge geheim zu halten, oder aus anderen Gründen? Oder ist alles nur eine Frage von Missverständnissen, Halluzinationen und Unfug wie Skeptiker behaupten?

In meinem vorherigen Buch über dieses Thema, *The UFO Chronicles*, habe ich versucht, die Beweise zusammenzustellen und einige Hinweise zu geben, was dahinter steckt. Dieses Buch verfolgt jedoch ein anderes Ziel. Auf den folgenden Seiten möchte ich die Geschichte des UFO-Phänomens vom Altertum bis in die Gegenwart anhand von 100 Vorfällen erzählen. Ich habe Sichtungen, Nahbegegnungen und Entführungen sowie andere Ereignisse berücksichtigt, die das kollektive Narrativ über UFOs geformt haben. Was ich allerdings vermieden habe, sind Erklärungen für jede Sichtung. Das, liebe Leserin, lieber Leser, bleibt Ihnen überlassen.

Jedes der im folgenden beschriebenen Ereignisse könnte problemlos ein ganzes Buch füllen, und einige sind in Büchern, manchmal in vielen Büchern, behandelt worden. Andere hingegen sind von UFO-Forschern und -Skeptikern vernachlässigt worden. Ich hätte leicht zehn Bücher dieses Umfangs mit UFO-Vorfällen verfassen können, doch habe ich versucht, mich auf jene Ereignisse zu konzentrieren, die gut dokumentiert sind und eine wichtige Rolle für die öffentliche Meinungsbildung über das Phänomen gespielt haben. Die hier aufgeführten Vorfälle häufen sich zeitlich und räumlich, weil UFOs ungleich verteilt sind: Es gibt Orte und Zeiten, wo viele Menschen sie sehen, und andere,

UNTEN UND LINKS: Unscharfe Fotos von möglichen UAPs

wo sie nur ganz vereinzelt vorkommen. Weshalb? Es existieren Theorien, aber wieder einmal weiß es niemand.

Während sie diese Seiten durchlesen, ermutige ich Sie, unvoreingenommen zu bleiben und weitere Einzelheiten im Internet oder in Büchern zu suchen und aus nächster Nähe eines der erstaunlichsten Geheimnisse unserer Zeit zu genießen.

—JOHN MICHAEL GREER

GEHEIMNISVOLLE BESUCHER

5000 v. CHR.

Er tauchte bei Sonnenaufgang aus dem Wasser des Persischen Golfs vor den Augen der staunenden Stammesangehörigen auf: ein geheimnisvolles Lebewesen mit einem Schuppenkörper wie ein Fisch, doch mit einem Gesicht, Händen und Füßen wie ein menschliches Wesen. Er sprach zu den Zeugen in ihrer eigenen Sprache. Er gab seinen Namen als Oannes an. Tag für Tag kehrte er an das Ufer zurück und lehrte die Stammesangehörigen die Künste der Zivilisation, begab sich aber jede Nacht wieder ins Meer.

So beschrieb der antike Schriftsteller Berossos eine Nahbegegnung mit einer außerirdischen Intelligenz. Es sind tausende solcher Geschichten in den Mythen und Legenden der Völker auf der ganzen Welt und im Laufe der Geschichte überliefert worden. Einige dieser Vorfälle enthalten Einzelheiten, die seltsam vorausschauend wirken im Licht neuerer Ereignisse. Viele Kulturen der amerikanischen Ureinwohner zum Beispiel bewahren Erzählungen von Menschen, die im Himmel wohnen und gelegentlich auf die Erde hinabsteigen und Menschen mit sich fortnehmen – eine unheimliche Parallele zum Phänomen der Entführung durch Außerirdische, das eine so wichtige und rätselhafte Rolle in UFO-Forschungskreisen gespielt hat.

Heutige Gelehrte bezeichnen diese Wesen als Götter, Geister und Kulturheroen und tun diese Berichte als leere Fiktionen ab, die von abergläubischen Menschen verbreitet werden. Doch selbst ein so skeptischer Wissenschaftler wie Carl Sagan argumentierte in einem seiner frühen Bücher, dass die Legende von Oannes eine vage Erinnerung an einen menschlichen Kontakt mit einer nichtmenschlichen Intelligenz festgehalten haben könnte. Viele andere Autoren, die dem intellektuellen Status quo weniger verpflichtet sind, haben ähnliche Fragen über eine Vielfalt anderer traditioneller Geschichten aufgeworfen. Diese Fragen gehören zu den vielen ungelösten Rätseln im Zusammenhang mit den seltsamen Objekten, die viele Menschen im Laufe der Jahrhunderte am Himmel gesehen haben.

SIEHE AUCH: Besucher aus Magonia (815), Der *Utsuro-bune*-Vorfall (1803), *Erinnerungen an die Zukunft* (1968)

WANN ENTSTAND AUSSERIRDISCHES LEBEN? Diese Figur aus Odilon Redons Serie „Die Versuchung des heiligen Antonius“ fasst ein Zitat von Oannes zusammen: „Ich, das erste Bewusstsein im Chaos, erhob mich aus dem Abgrund, um Materie zu härten, um Formen zu bestimmen.“

SCHILDE UND LICHTER AM HIMMEL

216 v. CHR.

Den alten Römern war das Unbekannte nicht fremd, und einige ihrer Berichte haben einen bemerkenswert modernen Geschmack. Der bedeutende Geschichtsschreiber Livius notierte zum Beispiel in seinem Eintrag für 216 v. Chr., dass „Schilde" am Himmel über der italienischen Stadt Arpi zu sehen waren. Das lateinische Wort *clipei*, das Livius benutzte, wurde für bronzene Rundschilde verwendet, könnte aber auch einfach Metallscheiben jeglicher Art bedeuten. Laut Julius Obsequens, einem römischen Gelehrten, der Anomalien untersuchte, wurden 103 v. Chr. gegeneinander kämpfende Schilde am Himmel über Amelia und Todi nahe dem heutigen Rimini ausgemacht, und 99 v. Chr. wurde ein weiteres fliegendes Schild beobachtet, das den Himmel über Tarquinia in der Provinz Viterbo von West nach Ost überquerte.

Scharfsichtige römische Beobachter entdeckten auch seltsame Lichter am Himmel, was römische Schriftsteller aufzeichneten. 218 v. Chr. wurde ein Licht wie die Sonne am Nachthimmel an verschiedenen Orten in Italien gesichtet, darunter in Capua und Pisa. 76 v. Chr. erblickten ein römischer Beamter und seine Entourage etwas, das wie ein vom Nachthimmel herabkommender Funke aussah, der während des Herabsinkens zuzunehmen schien, bis er die Größe des Monds erreichte. Nach kurzer Zeit stieg er wieder zurück an den Himmel, wo er einer Fackel ähnelte. 187 n. Chr. wurden über Rom tagsüber helle Lichter wie Sterne beobachtet, und 195 n. Chr. waren von Rom aus drei sternförmige Lichter nahe der Sonne sichtbar.

All diese seltsamen Objekte wurden von den römischen Intellektuellen als Vorzeichen der Götter gedeutet. Hinsichtlich der Ideen und Kultur ihrer eigenen Zeit war dies die einzige logische Erklärung. Eine Frage, die jeder moderne Forscher unidentifizierter Luftphänomene bedenken muss, ist, wie viel unserer Interpretation unbekannter Lichter und Formen am Himmel ein Produkt unserer Zeit und Kultur sein kann.

SIEHE AUCH: Himmelsschlacht (1561), Die Foo-Fighter (1944)

FRÜHE SICHTUNGEN: In diesem Buch aus dem 16. Jahrhundert wird ein beunruhigendes Schauspiel am Himmel dokumentiert.

BESUCHER AUS MAGONIA

815

Zeitgenössischen Aufzeichnungen zufolge wurde das mittelalterliche Frankreich wiederholt von „Wolkenschiffen" mit menschenähnlichen Wesen besucht, um die Ernte auf den Feldern der Erde zu stehlen und sie in eine ferne Region namens Magonia zurückzubringen. Wir wissen von diesen Besuchen vor allem aus den Schriften des ersten bekannten UFO-Skeptikers Erzbischof Agobard von Lyon (769-840), der ein Buch mit dem Titel *De Grandine et Tonitruis* (Über Hagel und Donner) verfasste, in dem er den Volksglauben über Magonia und seine Wolkenschiffe verurteilte. Agobard berichtete in seinem Buch:

> *Von diesen Leuten, die von solcher abgrundtiefen Torheit verblendet sind, zu glauben, dass so etwas möglich sei, haben wir erlebt, dass eine ganze Gruppe in einer Menschenversammlung vier Personen – drei Männer und eine Frau – gefesselt heranschleppten, die aus ebendiesen Schiffen herausgefallen sein sollten. Diese hielten sie dann einige Tage lang gefesselt eingesperrt und führten sie dann einer großen Versammlung vor, wie gesagt, in unserer Gegenwart, damit man sie steinigen soll.*

Agobard konnte die Leben der vier Menschen retten, indem er darauf hinwies, dass jeder, der an Magonia glauben würde, auch an die Macht der Hexerei glaube. Zu jener Zeit war dieser Glaube von der Kirche verboten, und jeder, der ihn bekräftigte, musste mit schweren Strafen rechnen. (Erst vier Jahrhunderte später änderten Theologen diesbezüglich ihre Meinung und setzten die Hexenverfolgung des Spätmittelalters in Gang.)

Der Glaube an Wolkenschiffe von einem fernen Ort war nicht allein auf die Region rund um Lyon begrenzt. Bis in die Zeit Karls des Großen, der die Praktik verbot, versuchten französische Bauern für gewöhnlich, die Plünderung der Wolkenschiffe abzuwehren, indem sie auf ihren Feldern hohe Pfähle mit magischem Pergament an der Spitze aufstellten. Im frühen Mittelalter waren in ganz Europa Geschichten von Schiffen, die am Himmel segelten, weit verbreitet.

SIEHE AUCH: Geheimnisvolle Besucher (5000 v. Chr.), Der *Utsuro-bune*-Vorfall (1803), Pfannkuchen aus dem All? (1961), Die Cussac-Nahbegegnung (1967), *Erinnerungen an die Zukunft* (1968), Die Ära der hohen Fremdartigkeit (1969)

WOLKENSCHIFFE ODER FANTASIE? Diese mittelalterliche Abbildung zeigt eine Darstellung, die sowohl Ehrfurcht als auch Skepsis hervorruft.

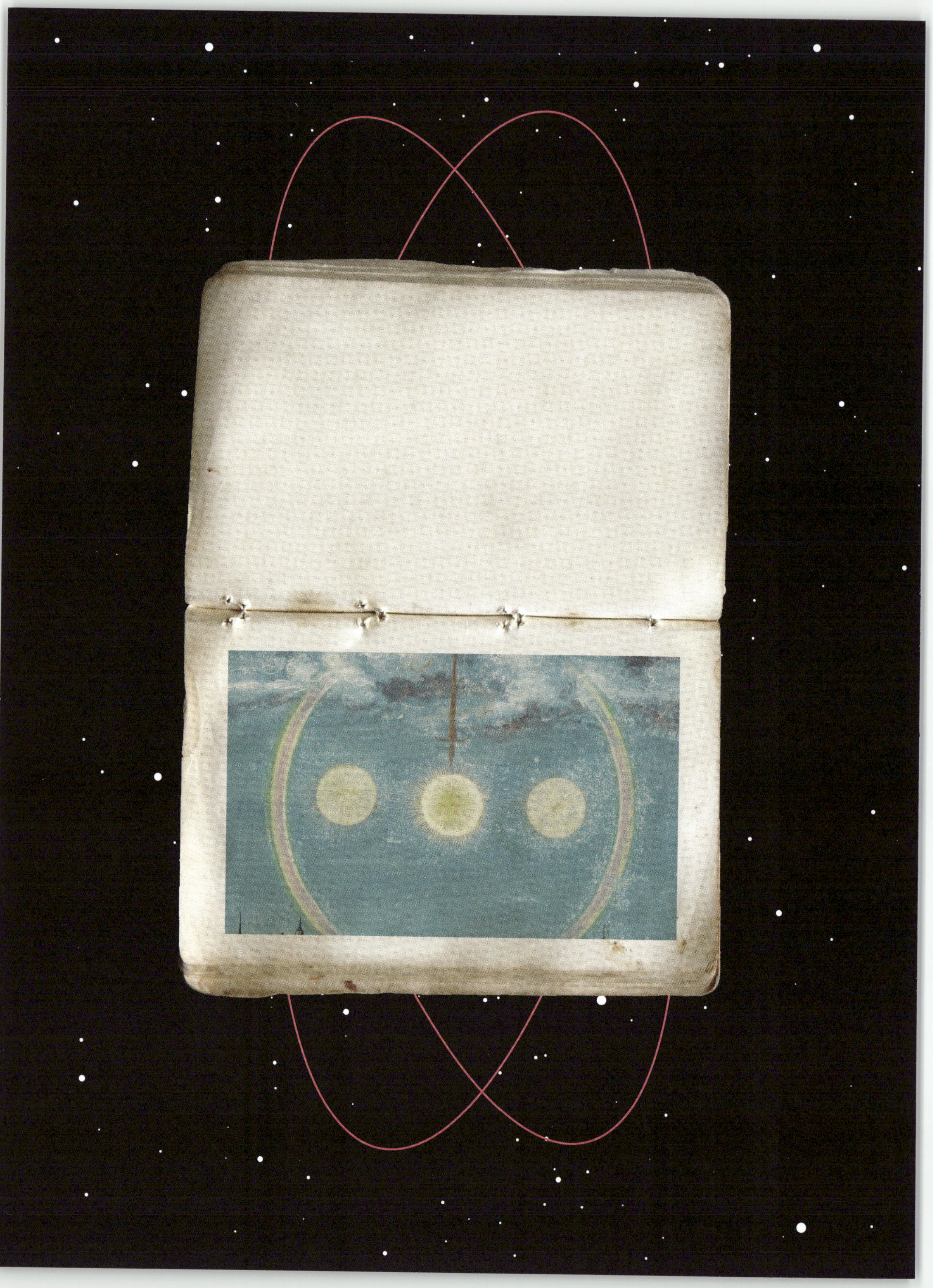

DIE BAODING-SICHTUNG

1277

Geheimnisvolle Flugobjekte kommen auch in den Aufzeichnungen des Chinesischen Kaiserreichs häufig vor. Eine klassische Sichtung der Art, die modernen Forschern geläufig ist, dokumentierte Liu Yin, ein einflussreicher Gelehrter, dessen Kommentare zu den konfuzianischen Klassikern noch immer geschätzt werden. Kurz nach der Dämmerung am 3. Juni 1277, als er noch außerhalb des Dorfes Baoding in der Provinz Hebei lebte, wurde er Zeuge eines beunruhigenden Spektakels am Himmel.

Er erwachte vor Sonnenaufgang, schaute dann aus dem Fenster seines Zimmers und sah ein strahlendes Licht, das die Milchstraße durchquerte. Dann erschienen drei leuchtende Objekte am Südhimmel, von denen sich zwei mit hoher Geschwindigkeit fortbewegten, das dritte jedoch auf der Stelle verharrte. Liu Yin entdeckte darunter fünf Lichter verschiedener Helligkeit, während die Oberseite kuppelförmig war. Er beobachtete, dass es sich zickzackförmig wie ein fallendes Blatt bewegte. Unterdessen fiel etwas, das von Flammen umgeben war, von einem anderen Teil des Himmels. Als die Sonne aufging, flog das erste Objekt nordwärts außer Sicht, aber ein anderes wie ein flaches Oval geformtes Objekt tauchte plötzlich aus einer grünlichen Wolke auf. Es war auch von Flammen umgeben und stieg und fiel in der Luft.

Überwältigt von diesem Spektakel rannte Liu Yin ins Dorf, um seine Freunde zu alarmieren, als sie jedoch nach draußen kamen, verschwand das Flugobjekt. Verblüfft von der Art der Sichtung schrieb er anschließend einen detaillierten Bericht über die Ereignisse des Morgens in der Hoffnung, dass ein anderer Gelehrter in der Lage wäre, die seltsamen fliegenden Dinge zu erklären, die er beobachtet hatte. Ein dreiviertel Jahrtausend später sind wir einer überzeugenden Erklärung nicht viel näher gekommen, aber einige Einzelheiten von Liu Yins Sichtung, insbesondere die Bewegung des „fallenden Blatts", die von modernen Zeugen häufig beschrieben wurde, machen seinen Bericht ausgesprochen aktuell.

SIEHE AUCH: Die Dinghai-Sichtung (1562), Der Sumpfgasvorfall (1966)

EIN STRAHLENDES LICHT, DAS DIE MILCHSTRASSE DURCHQUERT: Berichte über unidentifizierte anomale Phänomene waren nicht selten im Chinesischen Kaiserreich.

HIMMELSSCHLACHT

1561

Die Reichsstadt Nürnberg war eines der zahlreichen eigenständigen Territorien im Heiligen Römischen Reich. Ihre Bewohner waren mit der Kriegsführung vertraut, doch die Schlacht, die sich früh am Morgen des 14. April 1561 am Himmel über der Stadt abspielte, war für sie ebenso neu wie erschreckend. Einem später im selben Monat veröffentlichten Flugblatt zufolge fand der Kampf zwischen vier und fünf Uhr morgens statt, der von vielen Menschen in der Stadt und ihrer Umgebung beobachtet wurde.

Der Vorfall setzte ein, als Zeugen auf dem Boden zwei halbkreisförmige Bögen wie blutrote Mondsicheln in der aufgehenden Sonne erblickten. Kurz darauf tauchten fliegende Kugeln – einige rot, andere schwarz und wiederum andere eine Mischung aus beidem – aus der Sonne auf und begannen, gegeneinander zu kämpfen. Zylinder- und kreuzförmige Objekte, die vor der Sonne auf- und niederstiegen, griffen dann in den Kampf ein. Als das Gefecht seinen Höhepunkt erreichte, stürzten Kugeln, Zylinder und Kreuze gleichermaßen auf die Erde herab, wobei sie dabei große Rauchwolken ausstießen, als ob sie brennen würden. Dann erschien aus dem Osten ein dreieckiges schwarzes Objekt wie eine riesige Speerspitze und flog westwärts. Dies bedeutete das Ende der Schlacht, soweit es die Nürnberger beurteilen konnten.

Nürnberg war bei weitem nicht die einzige europäische Stadt im 16. Jahrhundert, die ein solches Spektakel erlebte. Fünf Jahre später, am 27. und 28. Juli und dann erneut am 7. August 1566, ereigneten sich ähnliche Vorfälle am Himmel über Basel, die in einem Flugblatt festgehalten wurden. Laut diesem Bericht waren wiederum rote und schwarze Kugeln in diesen Kampf verwickelt. Gelehrte dieser Epoche haben vermerkt, dass viele solcher Ereignisse in den mitteleuropäischen Flugblättern und Zeitungen dieser Zeit aufgezeichnet wurden. Bislang gibt es keine überzeugende Erklärung dieser Vorkommnisse.

SIEHE AUCH: Schilde und Lichter am Himmel (216 v. Chr.), Die Foo-Fighter (1944)

DER KAMPF ÜBER NÜRNBERG: Diese Abbildung aus dem 16. Jahrhundert wurde in einem Flugblatt gedruckt, das an die Bewohner verteilt wurde.

DIE DINGHAI-SICHTUNG

1562

Die Mitte des 16. Jahrhunderts scheint eine Hochphase für unidentifizierte Luftphänomene gewesen zu sein. Nur etwas mehr als ein halbes Jahr nach den bemerkenswerten Ereignissen über Nürnberg beobachteten beispielsweise Dorfbewohner im Bezirk Dinghai in der chinesischen Provinz Zhejiang ein seltsames Objekt, das vom Nordwesthimmel herabkam. Das Datum war der 24. Juli 1562, die Zeit kurz nach Sonnenaufgang. Zeugen äußerten, dass das Objekt einem *Dou* geähnelt hätte, einem traditionellen Messbehälter für Reis, der einen spitzen Deckel, einen abgerundeten Boden in den Farben Gelb und Weiß sowie einen kastanienfarbigen Bügel auf einer Seite hatte.

Das Objekt sank schnell, umgeben von Flammen. Sein Licht war so hell, dass die Zeugen die feinen Härchen auf ihrer Haut erkennen konnten. Kurz bevor es auf dem Boden aufschlug, stieg es plötzlich höher in die Luft und bewegte sich mehrmals auf und ab, wobei es Schatten tanzen ließ. Was dann mit ihm geschah, wird in dem einzigen Bericht in westlicher Sprache nicht geklärt. Die Erscheinung des seltsamen Objekts wurde jedoch über einem Gebiet mit einer Größe von mehr als achthundert Kilometern gesichtet, und die Berichte der Zeugen wurden von der kaiserlichen chinesischen Regierung gesammelt und an das Büro weitergeleitet, das Berichte über Vorzeichen und seltsame Erscheinungen bearbeitete.

Dies legt nahe, dass das alte China viele Berichte über mysteriöse Luftphänomene besaß. Eine Sammlung dieser Berichte führt nicht weniger als 741 UFO-Sichtungen zwischen 139 v. Chr. und 1918 n. Chr. an. Nur sehr wenig dieses Materials wurde bislang von UFO-Forschern in westlichen Ländern untersucht und noch viel weniger ist in westliche Sprachen übersetzt worden. Wenn man schließlich die zahlreichen chinesischen Aufzeichnungen mit ihren westlichen Entsprechungen vergleichen würde, wüssten wir vielleicht mehr über die Geschichte der Phänomene.

SIEHE AUCH: Die Baoding-Sichtung (1277), Das Tunguska-Ereignis (1908), Der Kecksburg-Absturz (1965)

UAPS IM CHINA DES NEUNZEHNTEN JAHRHUNDERTS: Sichtungen waren häufig in der Zeit von 139 v. Chr. bis 1918 n. Chr.

Drawn from the Original Picture by J.R. Penniman.
J. Cheney sculp.
JOHN WINTHROP.
FIRST GOVERNOR OF MASSACHUSETTS.

DIE MUDDY-RIVER-SICHTUNG

1639

Seltsame Flugobjekte tauchen auch in dem Gebiet auf, das später die Vereinigten Staaten von Amerika werden sollte, und zwar lange, bevor sich die Kolonien gegen England erhoben. John Winthrop, der Gouverneur der puritanischen Massachusetts Bay Colony, verzeichnete mehrere klassische Sichtungen in seinem Tagebuch. Die erste war auf den 1. März 1639 datiert. Anfang des Jahres, schrieb Winthrop, befuhren der Kolonist James Everell und zwei weitere in einem Ruderboot den treffend benannten Muddy River (Schlamm-Fluss), einen Nebenfluss des Charles River.

In dieser Nacht erblickten alle drei Männer ein seltsames Licht am Himmel. Als sie es zuerst entdeckten, schätzten sie es auf eine Größe von ungefähr 2,75 Meter ein, aber dann schrumpfte es auf die Ausmaße und Form eines großen Schweins, das sich „so schnell wie ein Pfeil" hin und her zwischen dem Muddy River und dem drei Kilometer entfernten Charlestown zu bewegen begann. Es hielt diese Bewegung mehrere Stunden bei, dann verschwand es. Als es sich entfernte, stellten die Männer fest, dass sie irgendwie anderthalb Kilometer stromaufwärts vorangekommen waren, ohne sich daran zu erinnern, diese Entfernung gegen die Strömung gerudert zu haben. Dies ist eines der ersten Beispiele für das Syndrom der „fehlenden Zeit", das heute mit Entführungserfahrungen in Verbindung gebracht wird.

Eine weitere Reihe seltsamer nächtlicher Lichter erwähnt Winthrop in einem auf den 18. Januar 1644 datierten Tagebucheintrag. Erneut sind drei Männer in diese Sichtung verwickelt, die ebenfalls in einem Boot unterwegs sind. Um Mitternacht, notierte Winthrop, sahen die drei Männer zwei Lichter, die aus dem Wasser des Hafens von Boston aufstiegen. Die Lichter hatten die Größe und die ungefähre Form menschlicher Wesen. Sie flogen über die Stadt nach South Point und verschwanden dann ganz plötzlich.

Winthrop, ein frommer Puritaner, deutete diese und andere merkwürdige Ereignisse im Sinne der Religion und Volksfrömmigkeit seiner Zeit. Drei Jahrhunderte und viele kulturelle Veränderungen sollten noch vergehen, ehe jemand auf die Idee kam, sie als Beweis für Besucher aus dem Weltraum zu identifizieren.

SIEHE AUCH: Die Baoding-Sichtung (1277), Die Entführung von Barney und Betty Hill (1961), *Die Besucher* (1987)

SELTSAME NÄCHTLICHE LICHTER: Der erste Gouverneur von Massachusetts, John Winthorp, erwähnte mehrere Sichtungen in seinem Tagebuch.

DIE ROBOZERO-SICHTUNG

1663

Eine weitere faszinierende frühe moderne Sichtung eines unidentifizierten Flugobjekts ereignete sich 1663 in der Nähe des russischen Dorfs Robozero. Am Samstag, dem 15. August, hatten sich Bauern aus der Region in der Kirche von Robozero versammelt. Gegen Mittag, während des Gottesdienstes, war draußen ein lautes Geräusch zu vernehmen, und viele Menschen liefen hinaus, um nachzusehen, was gewesen war. Sie sichteten eine leuchtende Form, die wie ein riesiger Feuerball aussah, etwa 43 Meter groß war und von Norden her über den Himmel zog. Zwei brennende Strahlen von ungefähr gleicher Länge erstreckten sich von seinem vorderen Rand. Das Objekt überquerte die Kirche und flog in Richtung eines nahegelegenen Sees davon.

Weniger als eine Stunde später war das Objekt zurück und bewegte sich vom See zum westlichen Himmel, wo es kurz verschwand. Dann kehrte es zurück und schwebte eineinhalb Stunden über Robozero, bevor es sich wieder entfernte. Anschließend kam die Nachricht, dass zwei Fischer, die in einem Boot auf dem See gewesen waren, Verbrennungen von der ausgestrahlten Hitze des Objekts erlitten hatten. Sie erzählten anderen, dass sie das Wasser des Sees neun Meter tief beleuchtet gesehen hätten, während die Fische in Richtung Ufer geflohen wären, um dem Licht und der Hitze zu entkommen. Sie berichteten ferner, dass das Wasser unter dem rötlichen Licht des Objekts mit Rost bedeckt zu sein schien.

Der ortsansässige Beamte Iwatschko Rewskoi erfuhr von der Sichtung durch einen Bauern namens Lewko Fedorow, woraufhin er sich nach Robozero begab, um die Sache zu untersuchen. Die Priester in dem Bezirk bestätigten Fedorows Geschichte, und so übermittelte Rewskoi dem Kloster des Hl. Kyrill einen detaillierten Bericht, wo er in den Akten aufgenommen wurde. Dieser ausgesprochen moderne UFO-Fall gehört zu den vielen ungeklärten Sichtungen in der Geschichte.

SIEHE AUCH: Sichtung über dem Stadio Artemio Franchi (1954), Die Sichtung an der Westall School (1966), Die Nahbegegnung an der Ariel School (1994)

VERBRENNUNGEN DURCH FEUER VON OBEN: Fischer in der Nähe des russischen Dorfes Robozero wurden nach der Sichtung eines mysteriösen Objekts am Himmel verletzt.

The Mowing-Devil:
Or, *S*trange *NEWS* out of
Hartford-ſhire.

Being a True Relation of a Farmer, who Bargaining with a Poor *Mower*, about the Cutting down Three Half Acres of *Oats*; upon the *Mower*'s asking too much, the *Farmer* ſwore, *That the Devil ſhould Mow it, rather than He*: And ſo it fell out, that that very Night, the Crop of *Oats* ſhew'd as if it had been all of a Flame; but next Morning appear'd ſo neatly Mow'd by the Devil, or ſome Infernal Spirit, that no Mortal Man was able to do the like.
Alſo, How the ſaid *Oats* ly now in the Field, and the Owner has not Power to fetch them away.

Licenſed, *Auguſt* 22th. 1678.

DER MÄHTEUFEL

1678

Kornkreise sind ein weiterer Aspekt des modernen UFO-Phänomens, das sich viele Jahrhunderte zurückverfolgen lässt. Ein ungewöhnlich gut dokumentiertes Beispiel ereignete sich 1678 in Hertfordshire, England. Wie die meisten frühen UFO-Phänomene wurden sie von den Zeugen je nach Ort und Zeit im Sinne der Volksfrömmigkeit und des religiösen Glaubens interpretiert und daher nicht Außerirdischen von fernen Planeten zugeschrieben, sondern dem christlichen Teufel.

Die Geschichte, die damals in einem einfachen Flugblatt veröffentlicht wurde, trug sich wie folgt zu: Ein Bauer in Hertfordshire wollte einen Arbeiter einstellen, um anderthalb Hektar Hafer zu ernten. Der Arbeiter, an den er sich wandte, forderte jedoch einen so hohen Lohn, dass der Bauer schwor, eher den Teufel das Getreide mähen zu lassen als dafür diesen Preis zu zahlen. In dieser Nacht sahen Zeugen etwas, das wie Flammen aus dem Haferfeld aufzusteigen schien. Am nächsten Morgen war der Hafer mit übernatürlicher Sorgfalt gemäht worden, doch stellte der Bauer fest, dass sich das Getreide nicht vom Feld nehmen ließ.

Die Abbildung im Flugblatt, ein grober Holzschnitt, zeigt eine schwarze menschenähnliche Figur, die das Getreide mit einer Sense in einem spiralförmigen Muster anordnet, wie man es üblicherweise in Kornkreisen des späten zwanzigsten Jahrhunderts findet. Das Bild zusammen mit der Geschichte des „Mähteufels" gilt als einer der ersten aufgezeichneten Vorfälle eines Kornkreises. Die Situation damals war jedoch nicht identisch mit späteren Kornkreisen, da der Hafer 1678 geschnitten und nicht niedergedrückt wurde. Dennoch ist die Geschichte des Mähteufels von Hertfordshire eine weitere nützliche Erinnerung daran, dass viele Facetten moderner UFO-Erfahrungen weit in die Vergangenheit zurückreichen.

SIEHE AUCH: Die Kornkreise in Tully (1966), Bekenntnis der Kornkreismacher (1991)

SELTSAME NEUIGKEITEN AUS HERTFORDSHIRE: Dieses englische Fugblatt mit Holzschnitt wurde an die Einwohner der Stadt nach einem unerklärlichen Vorfall verteilt.

DER *UTSURO-BUNE*-VORFALL

1803

Eines der seltsamsten Ereignisse in den japanischen Chroniken ist die Geschichte des *Utsuro-bune* oder „hohlen Schiffs", eines untertassenförmigen Fahrzeugs, das am 22. Februar 1803 an der Küste in der Provinz Hitachi erschien. Die Oberseite war aus rot lackiertem Rosenholz mit mehreren eingelassenen durchsichtigen Fenstern, während die Unterseite mit Metall verstärkt war. Im Inneren hielt sich eine achtzehn- bis zwanzigjährige junge Frau auf, die in lange, glatte Gewänder aus unbekanntem Gewebe gekleidet war. Sie hatte rotes Haar, in das lange, weiße Kunsthaarsträhnen geflochten waren, und ihre Hautfarbe war blassrosa.

Ortsansässigen Fischern gelang es, das Fahrzeug ans Ufer zu ziehen, öffneten es und versuchten, sich mit der Frau zu verständigen. Sie verstand jedoch kein Japanisch, und auch keiner der Fischer beherrschte ihre Sprache. Sie wirkte freundlich und höflich, hielt aber eine würfelförmige Dose aus einer blassen Substanz krampfhaft in beiden Händen, die niemand berühren durfte. Im Fahrzeuginneren befanden sich ungewöhnlich weiche Teppiche unbekannter Art und ein Vorrat an Lebensmitteln.

Damals war Japan auf Anordnung seiner Herrscher, der Tokugawa-Shogunen, vom Rest der Welt isoliert, da sie hofften, ihre Nation vor dem Einfluss europäischer Kolonialmächte zu bewahren. Strenge Gesetze verboten Japanern die Verbrüderung mit Ausländern. Einem Bericht zufolge setzten die Fischer daher die Frau zurück ins *Utsuro-bune*, beförderten es wieder ins offene Meer und schickten es auf die Reise. Einer anderen Version zufolge ist das *Utsuro-bune* ins Meer zurückgebracht worden, die Frau jedoch im Fischerdorf geblieben, wo sie ein hohes Alter erreichte.

Hat diese sonderbare Geschichte irgendetwas mit UFOs zu tun? Einige japanische Forscher haben auf die Ähnlichkeit zwischen dem *Utsuro-bune* und den untertassenförmigen Fahrzeugen hingewiesen, die in den letzten Jahren anderswo auf der Welt am Himmel gesehen wurden, und daher einen Zusammenhang nahegelegt.

SIEHE AUCH: Geheimnisvolle Besucher (5000 v. Chr.), Besucher aus Magonia (815), *Erinnerungen an die Zukunft* (1968)

DAS HOHLE SCHIFF: Vier verschiedene Texte nehmen Bezug auf das, was eine Nahbegegnung gewesen sein könnte, darunter diese zwei Berichte, von denen der untere 1844 von Nagahashi Matajirou verfasst wurde.

The Mysterious Flying Light That Hovered Over St. Mary's College, Oakland, and Then Started for San Francisco. It Is Exactly Like That Described by Sacramentans, and Similar to the Cut Published a Few Days Ago in "The Call" From a Description Furnished by One Who Saw It.

DIE ANKUNFT DER LUFTSCHIFFE

1896

J. B. Ligon, ein Einwohner von Beaufort, Texas, hatte am 14. April 1897 nicht erwartet, auf ein dauerhaftes Rätsel zu stoßen, als er und sein Sohn bewegliche Lichter auf einer nahegelegenen Weide sichteten und der Sache nachgingen. Anstelle von Viehdieben trafen sie auf vier Männer, die neben einem Luftschiff auf dem Boden standen. Die Männer behaupteten, von Iowa dorthin geflogen zu sein und baten um zwei Eimer Wasser. Die Ligons gaben ihnen das Wasser, und die Männer hoben ab und flogen davon.

Die Ligons waren nicht die einzigen Amerikaner, die 1896 und 1897 Luftschiffe erblickten. Tausende von Zeugen in zwanzig amerikanischen Staaten beobachteten sie – zigarrenförmige Objekte hoch in der Luft, viele davon mit hellen Lichtern. Die meisten Zeugen vermuteten, dass diese Formen Experimental-Luftschiffe wären. Mehr als ein Dutzend Menschen wie die Ligons hatten im Laufe dieser zwei Jahre ihre eigenen Nahbegegnungen mit Luftschiffpiloten. In den meisten dieser Begegnungen beharrten die Piloten darauf, Erfinder zu sein, die ein funktionsfähiges Luftschiff geschaffen hätten und ihre Erfindung schon bald der Welt offenbaren würden.

Doch solche Enthüllungen hat es niemals gegeben. Im Laufe der folgenden Jahrzehnte entwarfen und testeten Erfinder in einem halben Dutzend Länder akribisch die Technologien, die Flugmaschinen funktionstüchtig machen sollten, doch erst langsam erreichten sie den Punkt, an dem sie die gleiche Leistung wie die Phantom-Luftschiffe von 1896 und 1897 erzielen konnten. Bis heute weiß niemand, was sich hinter den Luftschiffen verbarg, die die Ligons und so viele andere Menschen gesehen hatten. Einige Forscher haben die Berichte als Falschmeldungen abgetan, andere hingegen behaupteten, dass in diesen Jahren möglicherweise ein geheimes Luftschiffprogramm existierte, das der öffentlich bekannten Technologie voraus war. Doch gab es auch einige Leute, die spekulierten, dass die Luftschiffe aus anderen Welten stammen könnten.

SIEHE AUCH: Die Rückkehr der Luftschiffe (1909), Wieder Luftschiffe (1913)

PHANTOM-LUFTSCHIFFE: Dieser Artikel aus der Ausgabe vom 22. November 1896 der Zeitung *San Francisco Call* berichtete von einer Sichtung über Sacramento, Kalifornien.

DER AURORA-ABSTURZ

1897

Die Zeitungen in den Vereinigten Staaten waren noch immer voll von Geschichten über mysteriöse Luftschiffe am 17. April 1897, als ein Luftschiff in die Windmühle auf dem Anwesen von Judge J. S. Procter nahe der texanischen Kleinstadt Aurora stürzte. Gegen 6 Uhr morgens entdeckten es zahlreiche Zeugen, während es mit einer Geschwindigkeit von nur sechzehn bis zwanzig Kilometern pro Stunde nach Norden flog und langsam in Richtung Boden sank. Als es mit der Windmühle kollidierte, explodierte es und zerstörte die Windmühle, wobei sich die Trümmer über mehrere Hektar Ackerland verteilten.

Zeitgenössischen Zeitungsberichten zufolge rannten die Einwohner zur Absturzstelle. Die Darstellung in den *Dallas Morning News* zwei Tage später enthielt beunruhigende Einzelheiten: Die Wrackteile des Fahrzeugs schienen aus einem unbekannten Metall zu bestehen, das „irgendwie einer Mischung aus Aluminium und Silber ähnelte"; und der einzige Insasse des Luftschiffs lag tot auf dem Boden mit Papieren auf dem Körper, die in unbekannten Hieroglyphen verfasst waren. „Während seine Überreste grässlich entstellt sind", behauptete das Blatt, sei doch genug vom Original erhalten geblieben, was nahelegte, dass er „kein Bewohner dieser Welt" wäre. Ein ortsansässiger Hobbyastronom schlug vor, dass der Pilot ein Marsbewohner sei.

Der Aurora-Absturz erhielt inmitten der Luftschiff-Hysterie wenig Aufmerksamkeit. Fast ein Jahrhundert später stießen UFO-Ermittler, die das Luftschiffphänomen untersuchten, auf die Geschichte und begaben sich an den Absturzort. Es ließen sich weder Spuren des mysteriösen Metalls noch der Hieroglyphenschriften finden, und auch das Grab des außerirdischen Piloten erwies sich als Hirngespinst. Viele Autoren zu diesem Thema haben diese Geschichte als Schwindel abgetan, aber schlüssige Beweise sind bislang nicht aufgetaucht. Rückblickend ist das Bemerkenwerteste am Aurora-Absturz, dass die Darstellung die Nachrichtenberichte über den Roswell-Absturz mehr als fünfzig Jahre später im hohen Maß vorwegnimmt.

SIEHE AUCH: Das Tunguska-Ereignis (1908), Der Roswell-Absturz (1947), Der Kecksburg-Absturz (1965), Der Shag-Harbour-Absturz (1967), Der Megaplatanos-Absturz (1990), Die Varginha-Nahbegegnungen (1996)

ORT DES „AUSSERIRDISCHEN GRABS": Dieser Stein, auf dem sich Gravuren des über Aurora abgestürzten Raumschiffs befinden, ist die letzte Ruhestätte eines Außerirdischen, den die Einwohner der Stadt „Ned" nennen.

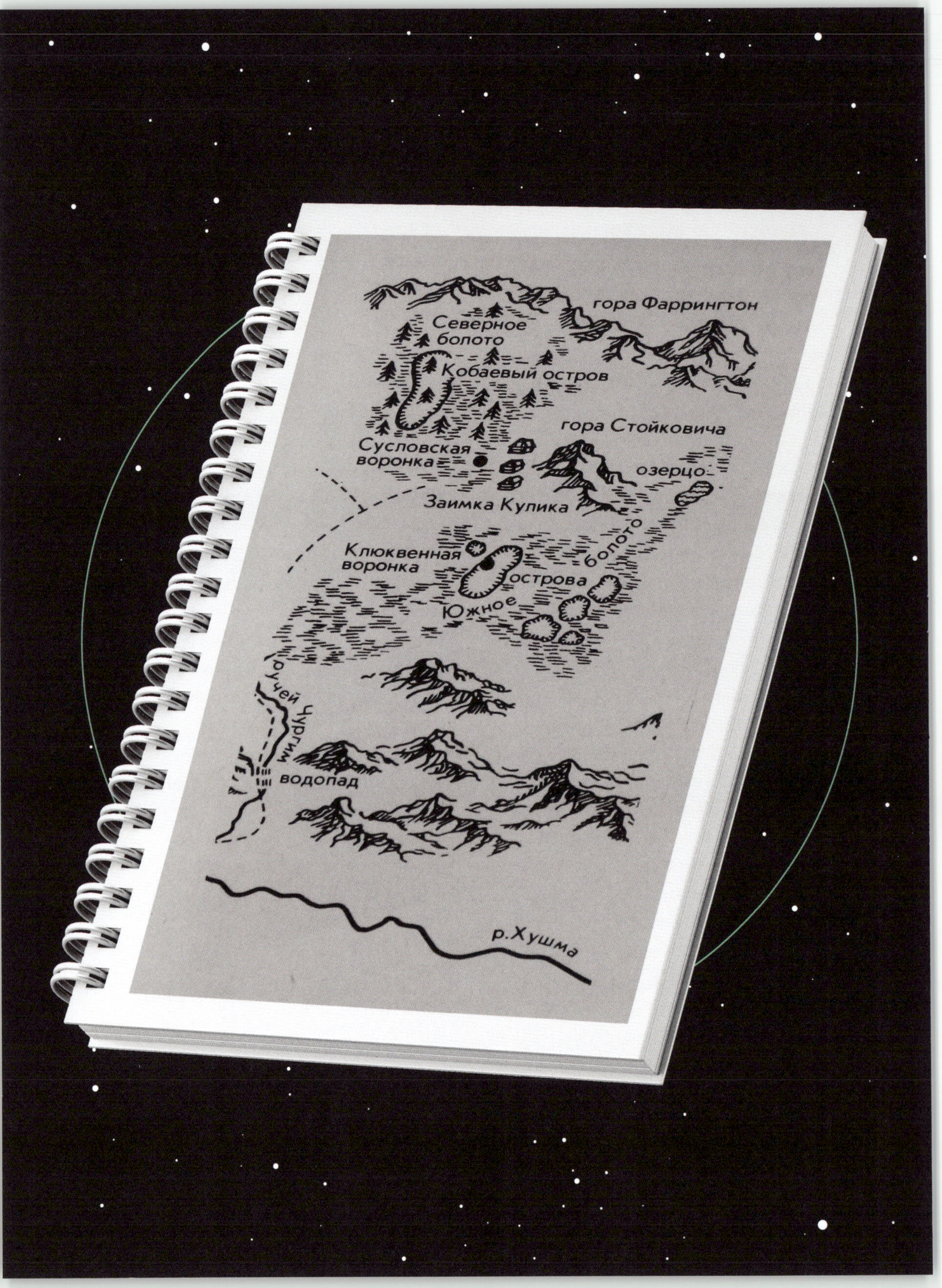

гора Фаррингтон
Северное болото
Кобаевый остров
гора Стойковича
Сусловская воронка
озерцо
Заимка Кулика
Клюквенная воронка
острова
болото
Южное
ручей Чургим
водопад
р.Хушма

DAS TUNGUSKA-EREIGNIS

1908

Das Tunguska-Flusstal liegt nördlich des Baikalsees in einer abgeschiedenen Region Zentralsibiriens. Am Morgen des 30. Juni 1908, um 7:17 Uhr, erschien ein längliches leuchtendes Objekt aus südöstlicher Richtung und detonierte über dem Tal nördlich der Stadt Vanovara. Der Feuerball verbrannte achthunderttausend Hektar Holz, und in der Nähe des Explosionszentrums wurden fünfhundert Rentiere an Ort und Stelle bei lebendigem Leib geröstet. 200 Kilometer entfernt zerbarsten die Fenster. Barometer in London verfolgten die Schockwelle, die zweimal um den Erdball kreiste, und in den folgenden Nächten leuchtete der Himmel über Westeuropa so hell, dass Menschen die Zeitung ohne Licht lesen konnten.

Aktuelle Schätzungen der Explosion gehen von einer Kraft zwischen zwölf und dreißig Megatonnen aus, der größten Explosion auf der Erde seit der Erfindung der Wasserstoffbombe. Damalige Wissenschaftler vermuteten, dass es sich um einen Meteor gehandelt habe. Doch als die ersten Geologen das Gebiet erreichten, entdeckten sie weder Krater noch Bruchstücke eines Meteors. Was auch immer über dem Tunguska-Flusstal detonierte, muss in der Luft explodiert sein. Ein Komet? Vielleicht, aber ein Komet, der groß genug gewesen wäre, um solch eine Katastrophe auszulösen, wäre für Astronomen sichtbar gewesen, lange ehe er in die Erdatmosphäre eingetaucht wäre, und es gab viele Amateur- sowie Berufsastronomen, die 1908 nach Kometen suchten.

UFO-Forscher haben einen Alternativvorschlag unterbreitet und angeführt, dass russische Forscher 1959 und 1960 unerklärliche Mutationen in Pflanzen und Tieren in dem Gebiet feststellten sowie eine ungewöhnliche Menge an radiokaktivem Cäsium in den Jahresringen von 1908 der dortigen Bäume. Ist es möglich, dass an diesem Morgen ein atomgetriebenes Raumfahrzeug aus einer anderen Welt über Sibirien explodierte? Die Ufologen verweisen darauf, dass dies eine Überlegung wert sei, zumal bislang niemand eine andere befriedigende Erklärung gefunden habe, die auf alle Daten zutreffe.

SIEHE AUCH: Der Roswell-Absturz (1947), Der Kecksburg-Absturz (1965), Der Shag-Harbour-Absturz (1967), Der Megaplatanos-Absturz (1990), Die Varginha-Nahbegegnungen (1996)

DER ORT DER EXPLOSION: Diese Karte zeigt ein Gebiet in Sibirien, in dem eine massive Explosion Hunderttausende Hektar Land verbrannte.

DIE RÜCKKEHR DER LUFTSCHIFFE

1909

Die Explosion von Tunguska könnte eine Art Vorzeichen gewesen sein, denn im folgenden Jahr kehrten die mysteriösen Luftschiffe zurück. Luftschiffe waren damals gerade in den Nachrichten; der epochale Flug von Graf Ferdinand von Zeppelin am 2. Juli 1909 über den Bodensee wurde überall in den Nachrichtenmedien ausgiebig besprochen, und viele andere Länder hatten ihre eigenen Luftschiffprogramme gestartet. Die Aufenthaltsorte der wenigen damals bekannten Luftschiffe wurden jedoch von Reportern und Spionen genau verfolgt. Keines dieser Luftschiffe scheint jedoch an der zweiten großen Sichtungswelle unbekannter Luftschiffe beteiligt gewesen zu sein, die sich ab Anfang 1909 über Europa und Australien ausbreitete.

England war das erste Land, das von mysteriösen Luftschiffen besucht wurde. Ein Polizist in Peterborough sichtete eins am Morgen des 23. März, und in den folgenden zwei Monaten häuften sich die Sichtungen überall auf den britischen Inseln: Meldungen kamen aus East Anglia, Essex, Wales und Nordirland. In einigen Fällen war das, was alle Zeugen sahen, ein Licht am Himmel, während andere das Geräusch einer Maschine hörten. Wiederum andere beobachteten eine Zigarrenform, die sich in der Luft bewegte, und einige wenige hatten das, was später als Nahbegegnung der dritten Art mit einem gelandeten Raumschiff und Besatzungsmitgliedern bezeichnet werden sollte.

Sogar noch dramatischere Sichtungen wurden aus Neuseeland und Australien gemeldet. Eine Lehrerin und ihre Schülerinnen erblickten in Kelso, einem Ort auf Neuseelands Südinsel, ein schwarzes zigarrenförmiges Fahrzeug, das am 23. Juli hoch in der Luft manövrierte. Andere Zeugen auf der Südinsel entdeckten dasselbe Fahrzeug oder ein sehr ähnliches zu verschiedenen Zeiten in den folgenden Wochen. Anfangs August verlegte das mysteriöse Fahrzeug seine Einsätze nach Australien. Den ganzen Monat August hindurch berichteten Zeugen von zigarrenförmigen Fahrzeugen oder bewegten Lichtern am Himmel in New South Wales, Tasmanien und Westaustralien. Danach verschwand das Fahrzeug, zumindest eine Zeitlang.

SIEHE AUCH: Die Ankunft der Luftschiffe (1896), Wieder Luftschiffe (1913)

EIN LUFTSCHIFF ÜBER PETERBOROUGH: Ein Luftschiff wie es der Polizist Kettle über der Kathedrale von Peterborough im März 1909 gesehen hat.

WIEDER LUFTSCHIFFE

1913

In den ersten Monaten des Jahres 1913 zeigten die Phantom-Luftschiffe, dass sie ihre geheimnisvollen Manöver noch nicht beendet hatten. Am 17. Januar desselben Jahres sichteten mehr als ein Dutzend Menschen ein Luftschiff, das über Südwales und den nahegelegenen englischen Grenzbezirken flog. Hunderte von Menschen in derselben Region beobachteten am 5. Februar ein ungewöhnlich helles Licht, das hoch in der Luft manövrierte. Am 21. Februar begann das mysteriöse Fahrzeug eine Reihe von Besuchen am Himmel von Yorkshire, wo tausende von Menschen ein Licht in der Luft erblickten, und einige behaupteten, einen langen, zigarrenförmigen Körper in großer Höhe zu sehen. Die Sichtungen setzten sich fast täglich eine Woche lang in der Region fort, dann nahmen sie ab. Einige weitere Vorfälle wurden im April, Juni, August und September gemeldet.

All das ereignete sich in einer Zeit zunehmender internationaler Spannungen, da sich das Deutsche Kaiserreich auf eine Konfrontation mit Großbritannien und seinen Verbündeten vorbereitete. Das deutsche Militär investierte kräftig in Luftschiffe, und obwohl England ein eigenes Luftschiffprogramm besaß, glaubte man, die Deutschen seien im Luftschiffrennen weit voraus. Die meisten Zeugen vermuteten, dass sie deutsche Zeppeline sähen, um Englands Verteidigungsanlagen auszukundschaften oder gar Spione oder Saboteure abzusetzen. Die englische Presse war voll von verzweifelten Leitartikeln, die forderten, dass jemand irgendetwas tun müsse, um das unheimliche deutsche Fahrzeug zu stoppen.

Als der Krieg vorbei war und Deutschlands militärische Aufzeichnungen alliierten Forschern zur Verfügung standen, stellte sich jedoch heraus, dass keine der Sichtungen deutschen Luftschiffen zugeschrieben werden konnte. Dokumente anderer Nationen mit Luftschiffprogrammen zur gleichen Zeit führten zu denselben Ergebnissen. Skeptiker haben das ganze Phänomen auf Massenhysterie und falsche Sichtungen von Planeten und hellen Sternen zurückgeführt. Andere Forscher haben weniger herablassend angemerkt, dass die zigarrenförmigen UFOs später eine wichtige Rolle in der Geschichte des Phänomens spielten.

SIEHE AUCH: Die Ankunft der Luftschiffe (1896), Die Rückkehr der Luftschiffe (1909)

IM ZEITALTER DER ZEPPELINE: Während dieser Zeit wurden vielen unerklärlichen Sichtungen Merkmale von Luftschiffen zugewiesen, die militärischen Zeppelinen wie diesem am Himmel über Berlin ähnelten. Foto von 1913.

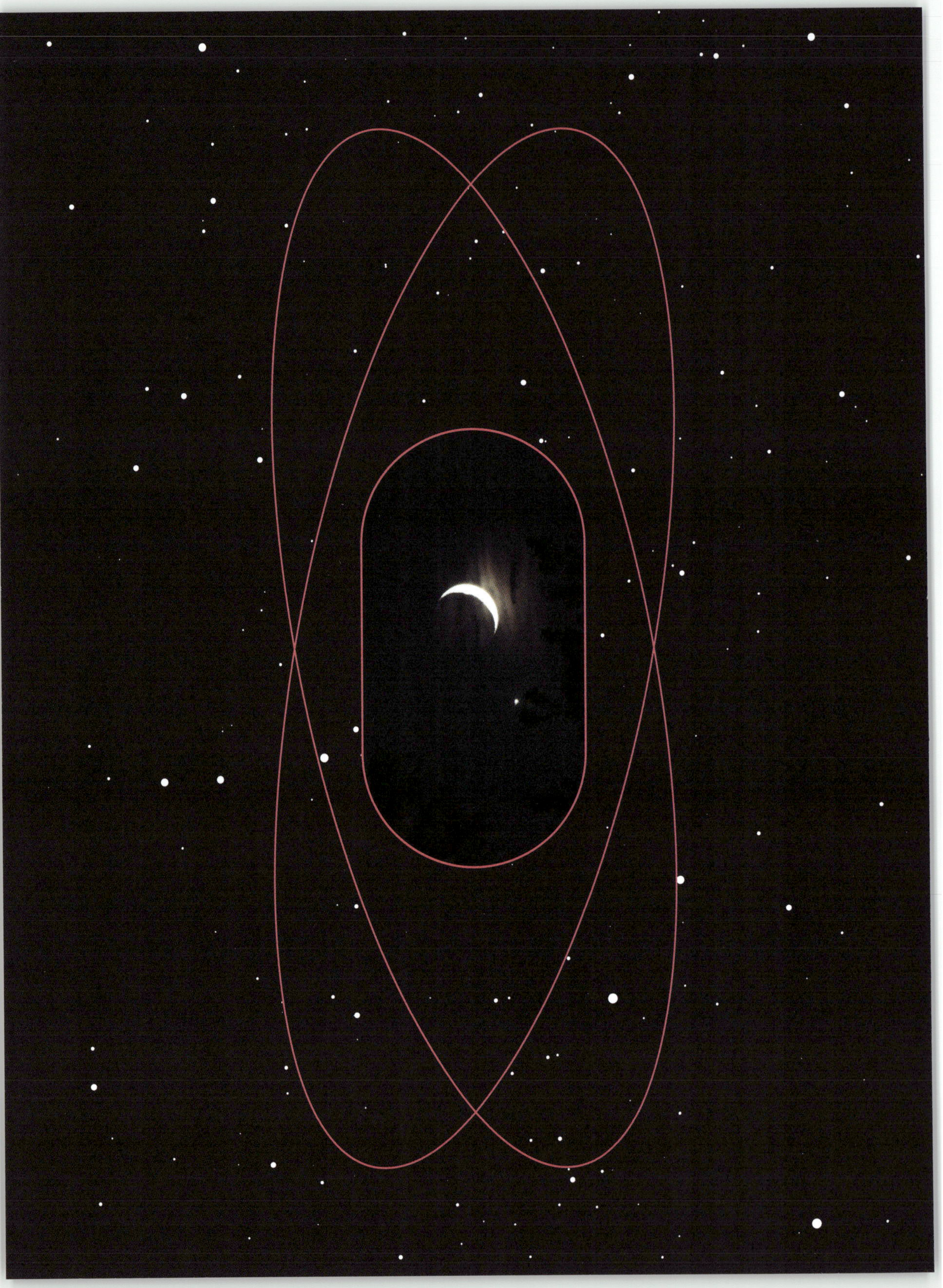

DIE MYSTERIÖSEN FLUGZEUGE

1914

Im Jahr 1914 waren Flugzeuge eine neue Technologie, zerbrechlich, unhandlich und experimentell. Die Armeen der Großmächte erkundeten ihr Potenzial, aber der Großteil der Militärflugzeuge blieb in Europa angesichts des von den meisten Menschen erwarteten baldigen Kriegsausbruchs. In Südafrika, tausende von Kilometern entfernt, gab es kein einziges funktionierendes Flugzeug, geschweige denn einen Flugplatz. Dies trug dazu bei, eine allgemeine Panik auszulösen, als Flugzeuge – oder Lichter, die für Flugzeuge gehalten wurden – dort im August 1914 gesichtet wurden, während Europa in den Krieg taumelte.

Die ersten Sichtungen ereigneten sich in der Nacht vom 13. auf den 14. August nahe Kapstadt. Mehrere Zeugen beobachteten am Abend des 13. etwas, das sie für einen über der Tafelbucht kreisenden Doppeldecker hielten, und weitere Zeugen entdeckten ihn vor der Dämmerung am 14., als er über die Kap-Halbinsel flog. An diesem Abend erblickten dreizehn Menschen ein helles Licht, das sich am Himmel über Riversdale bewegte. In der Nacht des 16. sahen fünfzehn weitere Menschen ein Fluggerät mit einem hellen Licht, das Worcester überflog. In den Nächten des 19. und 20. wurden in der gesamten Kapstadt-Region Sichtungen gemeldet. Die meisten Zeugen berichteten von einem hellen Licht am Himmel, andere behaupteten, ein Flugzeug mit dem Licht gesehen zu haben. Die Sichtungen erreichten damals ihren Höhepunkt und hörten im September allmählich auf.

Skeptiker beharrten darauf, dass die Zeugen einfach nur den Planeten Venus gesehen und fehlinterpretiert hätten, der während dieser Nächte sichtbar und sehr hell war. Die meisten Südafrikaner vermuteten jedoch, dass die deutsche Militärkommandantur in der damaligen deutschen Kolonie Namibia die Flugzeuge herübergeschickt hätte, um Südafrikas Verteidigungsanlagen auszukundschaften. Es gab damals drei Flugzeuge in Namibia, aber keines hatte die Reichweite, um ohne Tankstopp nach Kapstadt und zurück zu fliegen, und schon gar nicht, um Nacht für Nacht stundenlang über Südafrika zu schweben. Niemand weiß mit Sicherheit bis heute, was die Zeugen sahen.

SIEHE AUCH: Skandinaviens Phantomflugzeuge (1933)

VENUS, ODER? Dieses Foto zeigt den hell leuchtenden Planeten. War dies, wie Skeptiker vermuteten, die Ursache dafür, dass so viele glaubten, sie hätten ein unidentifiziertes Fluggerät gesehen?

LO!
by CHARLES FORT
Acclaimed by

DAS BUCH DER VERDAMMTEN

1919

Einige intellektuelle Revolutionen werden von schillernden Persönlichkeiten ausgelöst, die ein aufregendes Leben führen. Dann war da noch Charles Fort, der wie ein liebenswürdiges Walross aussah und die meiste Zeit seines Lebens in öffentlichen Bibliotheken oder hinter seinem Schreibtisch zu Hause verbrachte. In seinen jüngeren Jahren arbeitete er als Journalist, aber eine Erbschaft ermöglichte es ihm, seine Tätigkeit aufzugeben und den Rest seines Lebens seiner wahren Leidenschaft zu widmen: der Aufzeichnung von Daten, die von der offiziellen wissenschaftlichen Forschung ausgeschlossen waren, weil sie ganz einfach zu bizarr waren.

Damals wie heute hatte das wissenschaftliche Establishment die schlechte Angewohnheit, nur Beweise zu beachten, die seine vorgefassten Ideen stützten, und alles zu ignorieren, was herkömmlicher Weisheit widersprach. Als Zeitungsmann hatte Fort viele Beispiele von Wissenschaftlern miterlebt, die darauf beharrten, dass ihre bevorzugten Erklärungen selbst auf Kosten von Fakten korrekt wären. Diese Erfahrung trieb sein großes Projekt voran. Seine vier Bücher – *The Book of the Damned* (1919) (dt. *Das Buch der Verdammten*), *New Lands* (1923) (dt. *Neuland*), *Lo!* (1931) (dt. *Da!*) und *Wild Talents* (1932) (dt. *Wilde Talente*) – präsentierten eine Parade unmöglicher Fakten, um zu beweisen, dass Wissenschaftler viel weniger über das Universum wussten, als sie glaubten.

Unbekannte Flugobjekte und fliegende Lichter füllten eine große Anzahl von Forts Seiten. Während des gesamten neunzehnten und frühen zwanzigsten Jahrhunderts beobachteten Menschen seltsame Dinge am Himmel und berichteten in Zeitungen und wissenschaftlichen Journalen über ihre Erlebnisse. Da niemand wusste, was die Lichter bedeuteten, waren all diese Berichte Wasser auf Forts Mühlen. Seine Bücher gehören daher zu einigen der besten verfügbaren Quellen über frühe UFO-Sichtungen, zudem war er einer der ersten einflussreichen Autoren, der die Vermutung äußerte, dass es sich bei den seltsamen Lichtern um von Piloten gesteuerte Raumschiffe von einem anderen Planeten handelte.

SIEHE AUCH: *When Prophecy Fails* (1954), *Erinnerungen an die Zukunft* (1968), *Die Besucher* (1987), *Die Apokalyptischen Reiter* (1991)

FAKT IST SELTSAMER ALS FIKTION: Die Schriften von Charles Fort (1874-1932) liefern uns hervorragende Aufzeichnungen über Begegnungen mit dem Unbekannten.

SKANDINAVIENS PHANTOMFLUGZEUGE

1933

Die Provinz Västerbotten im Norden Schwedens ist eine raue und stark bewaldete Region knapp unterhalb des Polarkreises in der Nähe zur norwegischen Grenze. Im Spätherbst 1933 gab es ein einziges Flugzeug, eine Sanitätsmaschine, die wegen Reparaturen am Boden blieb. Wie verblüfft waren die Regierungsbeamten, als Zeugen begannen, fliegende Lichter zu sehen, die sich entlang der Täler bewegten, die die Region mit Norwegen verbinden. Polizei und Zollbeamte ermittelten sofort und vermuteten, dass Schmuggler die abgelegene Region nutzten, um Schmuggelware nach Schweden zu bringen, doch fanden sie keinen Beweis für ein konventionelles Flugzeug in dem Gebiet.

Sichtungen hielten bis in die ersten Monate des Jahres 1934 an. Einige Zeugen erblickten Flugzeuge, die sie als groß, grau und unmarkiert beschrieben. Andere hingegen beobachteten fliegende Lichter. In den Nächten des 8. und 9. Januar 1934, der Spitzenzeit der „Phantomflugzeuge", wurden jeweils mehr als vierzig Berichte gemeldet. Die schwedische Luftwaffe, Flygvapnet, schickte Flugzeuge, fand aber nichts. Inzwischen nahmen schwedische Militärbeamte Kontakt zu ihren norwegischen und finnischen Kollegen auf und entdeckten, dass ähnliche Berichte in beiden Ländern gemacht worden waren. Im Winter 1933/34 wurden in den drei skandinavischen Ländern insgesamt 487 Sichtungen unbekannter Flugobjekte verzeichnet, von denen einhundert als glaubhaft eingeschätzt wurden.

Das Phänomen verschwand vor Ende dieses Winters. Im Winter 1936/37 kamen die Phantomflugzeuge jedoch ein zweites Mal zu Besuch. Hunderte weitere Sichtungen wurden berichtet, und das Verhalten der unbekannten Flugobjekte war genauso ausweichend und rätselhaft wie zuvor. Handelte es sich um geheime Flugzeuge der sowjetischen Luftstreitkräfte oder der Luftwaffe Nazi-Deutschlands, die das Territorium rund um die reichhaltigen nordschwedischen Eisenbergwerke ausspähten? Oder ging da etwas wirklich Seltsames vor? Bis heute weiß es niemand.

SIEHE AUCH: Die mysteriösen Flugzeuge (1914), Die Geisterraketen (1948)

UFOS IM VERSCHNEITEN SKANDINAVIEN: Ein Sonnenaufgang im schwedischen Västerbotten vermittelt uns einen Eindruck der Umgebung, in der so viele Sichtungen gemeldet wurden.

CORAL LORENZENS ERSTE SICHTUNG

1934

Barron in Wisconsin war 1934 eine kleine Farmerstadt mit fünfzehnhundert Einwohnern. Damals waren Flugzeuge noch so neu, dass die Ankunft von Barnstormern, die auf einem Feld in der Nähe der Stadt Rundflüge in überschüssigen Militärflugzeugen anboten, ein Ereignis war, über das man noch Jahre später sprechen würde. Das war der Ort, wo die neunjährige Coral Lorenzen und ihre beiden Freundinnen an einem Sommertag spielten, als ein seltsames Objekt am Himmel im Südwesten auftauchte.

Als Lorenzen später den Vorfall schilderte, beschrieb sie das Objekt als strahlend weiß, das wie ein geöffneter Schirm ohne Rippen geformt war und etwa die Größe eines auf Armeslänge gehaltenen Dimes hatte. Eine ihrer Freundinnen glaubte, dass es ein Fallschirm sein könnte, aber die drei Mädchen konnten weder Seile, Leinen noch einen Fallschirmspringer darunter erkennen. Sie beobachteten das Objekt, das mit einer merkwürdigen wellenförmigen Bewegung über ihnen schwebte. Etwa zwanzig Sekunden nach seinem ersten Erscheinen verschwand es hinter dem nördlichen Horizont. Lorenzen ging nach Hause und berichtete ihrem Vater darüber, der sich umhörte, aber niemand sonst hatte das Objekt gesehen und auch kein Fallschirm wurde nördlich von Barron gefunden.

Dieses wäre eine weitere gewöhnliche Sichtung gewesen, die Art von Ereignis, das einen oder zwei Absätze in einem der Bücher von Charles Fort verdient gehabt hätte, in Carol Lorenzen jedoch ein lebenslanges Interesse an mysteriösen Flugobjekten erweckte. Als Erwachsene wurde sie Reporterin für die *Green Bay Press-Gazette* in Wisconsin, in der sie viele Geschichten über unidentifizierte Luftphänomene veröffentlichte. Nachdem sie und ein dutzend weiterer Menschen 1952 ein silbernes Ellipsoid über Sturgeon Bay gesichtet hatten, gründeten sie und ihr Ehemann die Aerial Phenomena Research Organization (APRO), die eines der führenden unabhängigen Forschungszentren für UFO-Studien wurde und vieles dafür tat, diese Phänomene bekannt zu machen.

SIEHE AUCH: NICAP untersucht das Phänomen (1956)

DIE GRÜNDER DER APRO: Eine Begegnung in ihrer Kindheit veranlasste Coral Lorenzen und ihren Ehemann Jim, die Aerial Phenomena Research Organization zu gründen.

VALLEY OF INVISIBLE MEN by EDMOND HAMILTON
SEE BACK COVER
AMAZING STORIES
MARCH
20c
The RAID FROM MARS
by MILES J. BREUER
AND GREAT STORIES BY
ED EARL REPP
ROBERT BLOCH
F. A. KUMMER, JR.

DIE ERFINDUNG DER FLIEGENDEN UNTERTASSEN

1938

Beinahe wäre er selbst als kleines grünes Männchen durchgegangen. Verkrüppelt durch einen Unfall in der Kindheit und selbst als Erwachsener winzig, suchte Raymond Palmer Trost in der Science-Fiction. Nachdem er sich einen Namen als Gründer der Science-Fiction-Fangemeinde gemacht hatte, wurde er 1938 von der Ziff-Davis-Mediengruppe für Pulp-Magazine eingestellt, um das schwächelnde Monatsmagazin *Amazing Stories* herauszugeben. Palmer kannte seine Leserschaft besser als irgendjemand sonst in der Szene und füllte die Magazinseiten mit trashigen, aber unterhaltsamen Geschichten über interplanetarische Abenteuer, wodurch *Amazing Stories* zum beliebtesten und profitabelsten aller Science-Fiction-Pulps wurde.

In der Zwischenzeit übernahm er die Abbildung der fliegenden Scheibe aus früheren Pulp-Magazinen und schuf so eine dauerhafte Ikone. Bereits 1915 hatte der Pulp-Pionier Hugo Gernsback ein scheibenförmiges Luftfahrzeug in einem seiner Magazine abgedruckt. In den folgenden Jahren erschienen fliegende Scheiben hin und wieder auf den Titelseiten der Science-Fiction-Pulps, aber es war Palmer, der fliegende Untertassen zu einem der Standardbilder der Zukunftstechnologie machte und in grellen Farben auf den Titelseiten vieler Ausgaben platzierte.

Dies war bei weitem nicht das einzige Detail des UFO-Phänomens, das bereits vor der großen Sichtungswelle in der Science-Fiction auftauchte. Solche Grundelemente der UFO-Geschichten wie zwergenhafte Außerirdische mit großen Köpfen, die Menschen zu Zuchtzwecken entführen und elektrische Systeme von Autos in der Nähe von fliegenden Untertassen abschalten, kamen bereits viele Jahre in der Pulp-Science-Fiction vor, ehe Menschen sie erlebten. Niemand weiß weshalb.

Als der eigenwillige UFO-Forscher John Keel Palmer als „den Mann, der die fliegenden Untertassen erfand“, beschrieb, übertrieb er nur ein wenig. Ohne Palmer hätte das Phänomen vielleicht eine andere Form angenommen.

SIEHE AUCH: Das Shaver-Geheimnis (1945), Das vorhergesagte Phänomen (1946), Die Arnold-Sichtung (1947)

KLEINE GRÜNE MÄNNCHEN: Diese Ausgabe von *Amazing Stories* aus dem März 1939 ist in ein typisches Beispiel der fantastischen Science-Fiction-Kunst verpackt, die Mitte des Jahrhunderts in Amerika beliebt wurde; dieses Werk stammt vom Künstler Robert Fuqua.

DIE FOO-FIGHTER

1944

Der Himmel Europas stand im Herbst 1944 in Flammen. Britische Bomberflotten und amerikanische Nachtjägerstaffeln tauchten im Luftraum über dem besetzten Europa auf, um die Luftwaffe zu bekämpfen und deutsche Städte zu bombardieren. Damalige alliierte Flugzeugbesatzungen waren an deutsche Kampfflugzeuge und den Beschuss durch Flugabwehrgeschütze gewöhnt, aber der Oktober brachte Neues und Unerwartetes: Kugeln aus glühendem Licht oder Flammen in Rot, Orange oder Weiß, die ihren Flugzeugen in der Luft folgten.

Der erste Gedanke der alliierten Luftkommandos war, dass irgendeine neue deutsche Geheimwaffe eingesetzt worden war, aber die Leuchtkugeln verursachten keine Schäden. Sie flogen entweder hinter den Flugzeugen in enger Formation oder wirbelten wild durch die Luft. Sie erschienen ohne Warnung und verschwanden spurlos. Anfangs wurden sie als „Kraut-Feuerbälle" bezeichnet. Ein Besatzungsmitglied eines amerikanischen Nachtjägers und Fan des beliebten Comicstrips *Smokey Stover* entlehnte dem Comic ein unsinniges Wort, das von einer der Comicfiguren verwendet wurde, und begann sie „foo fighters" zu nennen. Die amerikanischen und britischen Medien griffen den Namen auf, der haften blieb.

Spätere Forscher entdeckten, dass die ersten Foo-Fighter von britischen Flugzeugbesatzungen über dem Balkan ab April 1942 gesichtet wurden, aber erst im November 1944 häufte sich das Phänomen. Zeugen im Pazifik berichteten ebenfalls von leuchtenden Objekten am Himmel, die aber im Allgemeinen lange Zeit an Ort und Stelle schwebten, anstatt die akrobatischen Manöver zu vollführen, die die Foo-Fighter berühmt machten. Nach dem Krieg stellte sich heraus, dass auch Luftwaffenpiloten sie gesehen hatten und wie ihre alliierten Gegenspieler von ihnen verblüfft waren. Man behauptete zwar, dass es sich um eine streng geheime experimentelle deutsche Waffe gehandelt haben könnte, doch wurden dafür bisher keine Beweise veröffentlicht. Die wirkliche Ursache der Foo-Fighter bleibt unbekannt.

SIEHE AUCH: Schilde und Lichter am Himmel (216 v. Chr.), Himmelsschlacht (1561)

MYSTERIÖSE LICHTKUGEL: Dieses Foto, das im Mai 1945 in der Nähe von Kärnten aufgenommen wurde, zeigt, was man für einen Foo-Fighter hielt.

DAS SHAVER-GEHEIMNIS

1945

Als der Zweite Weltkrieg zu Ende ging, bewegten sich seltsame Dinge in den Tiefen des menschlichen Geistes. Einige von ihnen stiegen 1944 hoch, als Raymond Palmer, der noch immer *Amazing Stories* herausgab, eine befremdliche Erzählung las, die ihm mit der Post zugegangen war. Der Verfasser war ein Schweißer namens Richard Shaver, der Stimmen in seinem Kopf hörte, wenn er Schweißgeräte bediente. Die Stimmen erzählten ihm von einem verborgenen Tunnelnetz tief unter der Erde, das von bösen Zwergen, den Deros – kurz für „detrimental robots" („schädliche Roboter") – bewohnt würde, die mittels telepathischer Strahlen unachtsame Menschen quälen würden.

Palmer, der dies als Pulp-Fiction-Gold erkannte, schrieb die Geschichte um und veröffentlichte sie unter dem Titel „I remember Lemuria!" in der Märzausgabe 1945. Die Ausgabe, in der sie erschien, wurde ausverkauft. Palmer kontaktierte Shaver sofort, um weiteres Material zu erhalten, und verlegte alles, was Shaver lieferte. *Amazing Stories* verdoppelte die Auflagenhöhe.

Dann begannen Leser, Briefe über Shavers Geschichten einzusenden, die sie nicht als Fiktion betrachteten. Viele von ihnen berichteten von ihren eigenen Begegnungen mit Deros – das „Shaver-Geheimnis" entwickelte ein Eigenleben. Im Laufe der nächsten zweieinhalb Jahre standen die meisten Kernthemen des UFO-Phänomens – seltsame Flugobjekte, von menschlicher Sexualität besessene zwergenhafte Kreaturen, Entführungsgeschichten, finstere unterirdische Stützpunkte, staatliche Vertuschungen und weitere – im Mittelpunkt der Diskussionen über das Shaver-Geheimnis.

Palmer fachte die Flammen durch einen ständigen Nachschub an Geschichten von Shaver und anderen an sowie durch eine Spalte für Leserberichte über Dero-Erfahrungen in jeder Ausgabe des Magazins. Schließlich erhielt er die Genehmigung seiner Chefs im Ziff-Davis-Medienkonzern für Pulp-Magazine, eine ganze Ausgabe diesem Thema zu widmen. Diese Ausgabe war an den Zeitungskiosken im ganzen Land an dem Tag erhältlich, als Kenneth Arnold in sein Flugzeug stieg und UFOs ins Rampenlicht rückte.

SIEHE AUCH: Die Erfindung der fliegenden Untertassen (1938), Das vorhergesagte Phänomen (1946), Die Arnold-Sichtung (1947)

WISSENSCHAFTLICHE TATSACHE ODER FIKTION? Waren Geschichten über Roboter, die unter der Erde leben, wahr oder nur ein Produkt von Robert Shavers Vorstellungskraft?

DAS VORHERGESAGTE PHÄNOMEN

1946

Als der Zweite Weltkrieg endete, hatte sich die Vorstellung von Leben auf anderen Planeten in den Industrienationen der Welt durchgesetzt. Dies lässt sich einerseits auf die Rolle der Science-Fiction in der Popkultur zurückführen, andererseits auf den rasanten Fortschritt der Wissenschaft selbst. In einer Welt, die noch immer unter dem Eindruck der Atomexplosionen von Hiroshima und Nagasaki stand, ließ sich der Gedanke, dass menschliche Wesen bald den Weltraum zu anderen Planeten durchqueren würden, kaum von der Hand weisen, aber auch die Auffassung, dass Wesen aus anderen Welten uns besuchen könnten, war ebenso einleuchtend.

Doch gab es noch andere, seltsamere Ursachen, weshalb das Konzept der Kommunikation mit anderen Welten damals viele umtrieb. 1946 und anfangs 1947 begannen einige einflussreiche amerikanische Okkultisten plötzlich zu verkünden, dass ein Besuch aus dem All bald bevorstehe. Einer davon war Meade Layne, ein Eingeweihter des Hermetischen Ordens der Goldenen Morgenröte, der damals einflussreichsten okkulten Gesellschaft. Layne war eine wichtige Figur in der okkulten Szene Kaliforniens und Gründer der Borderland Sciences Research Association (BSRA), einem Netzwerk von Forschern, die sich für Magie und alternative Wissenschaften interessieren, das heute noch besteht.

Einer von Laynes Mitarbeitern war ein Medium namens Mark Probert. 1946 informierte der Innere Zirkel, die Gruppe von Geistern, die durch Probert sprachen, Layne und andere, dass seltsame Objekte bald am Himmel der Erde zu sehen sein würden. Ähnliche Vorhersagen tauchten auch woanders auf und fanden begeisterte Zuhörer. Als Reaktion darauf begannen Menschen den Himmel zu beobachten und warteten auf irgendein Zeichen der Besucher aus einer anderen Welt – und Proberts Vorhersage erfüllte sich im nächsten Jahr, als Kenneth Arnolds epochale Sichtung die moderne Ära der UFOs einleitete.

SIEHE AUCH: Die Erfindung der fliegenden Untertassen (1938), Das-Shaver-Geheimnis (1945), Die Arnold-Sichtung (1947)

VERDACHT AUF WELTRAUMZEITALTER: In einer Ära sich rasant entwickelnder Technologie wie dieser V2-Rakete wäre es nicht schwer gewesen, sich vorzustellen, dass außerirdische Raumschiffe Kontakt mit der Erde aufnehmen.

DIE GEISTERRAKETEN

1946

Der Zweite Weltkrieg war mehr als ein Jahr vorbei und die Sowjetunion und die Westalliierten standen sich über den schwelenden Trümmern Deutschlands gegenüber, als Beobachter in Schweden und Finnland begannen, seltsame Dinge zu sehen, die über ihre Länder flogen: zigarren- oder raketenförmige Objekte, die sich mit hoher Geschwindigkeit bewegten. Die beiden Langstreckenraketen, die Deutschland während des Krieges eingesetzt hatte, der V1-Marschflugkörper und die ballistische Rakete V2, sorgten für viel Gesprächsstoff in den damaligen Zeitungen und schon bald wurden diese unidentifizierten fliegenden Objekte als „Geisterraketen“, schwedisch *Spökraketer*, bezeichnet.

Mehr als zweitausend Sichtungen von Geisterraketen wurden von schwedischen und finnischen Zeugen zwischen dem 26. Februar, ihrem ersten Erscheinen, und dem Ende des Jahres gemeldet. Die Spitzentage der Sichtungen waren der 9. und 11. August. Zweihundert der Geisterraketen wurden auch mit Radar erfasst und einige zudem fotografiert, obwohl die Fotos nur Kondensstreifen in großer Höhe zeigten. Als eine der Geisterraketen am 19. Juli 1946 abstürzte und in den See Kölmjärv eintauchte, schickte das schwedische Militär Taucher in den See. Sie fanden den Seegrund aufgewühlt, aber das Objekt, was immer es auch gewesen sein mag, hinterließ keine Spuren.

Anfangs spekulierten die Massenmedien und Regierungsbeamte, dass sowjetische Wissenschaftler die Konstruktionsstätte der V2 in Peenemünde in der sowjetischen Besatzungszone übernommen hatten und dort Raketen testeten. Als diese Erklärung nicht zu den beobachteten Fakten passte, wurden die Geisterraketen in Meteore umdefiniert. Erst zu Beginn des einundzwanzigsten Jahrhunderts enthüllten freigegebene Dokumente, dass es sich bei einigen der Geisterraketen um streng geheime Spionageflüge gehandelt hatte, um die Sowjetunion auszuspionieren – doch ist es alles andere als sicher, dass sich alle der 1946er-Sichtungen dieser Ursache zuschreiben lassen.

SIEHE AUCH: Skandinaviens Phantomflugzeuge (1933)

UFO ÜBER LAPPLAND: Als der Fotograf Erik Reutersward diese „Geisterrakete“ aufnahm, glaubte er, es sei ein Meteor, aber als die schwedische Armee das Bild veröffentlichte, überließ sie es der Interpretation.

DIE ARNOLD-SICHTUNG

1947

Als Kenneth Arnold am Nachmittag des 24. Juni 1947 in sein Flugzeug in Shelton, Washington, kletterte, hatte er keine Ahnung, dass er im Begriff war, unbekannten Luftobjekten einen dauerhaften Platz in der kollektiven Vorstellungswelt unserer Zeit einzuräumen. Er hatte vor, von Shelton nach Pendleton, Oregon, zu fliegen, und sich unterwegs an der Suche nach einem abgestürzten Flugzeug in der Nähe des Mount Rainier zu beteiligen. Ungefähr drei Minuten, nachdem er die Flughöhe erreicht hatte, sichtete er neun unbekannte Objekte in der Luft nördlich von ihm, die sich mit einer Geschwindigkeit bewegten, die für kein irdisches Fahrzeug zu dieser Zeit möglich gewesen wäre. Sie sahen aus wie nichts, das Arnold, ein erfahrener Beobachter, je zuvor erblickt hatte: sichelförmige Objekte aus poliertem Metall. Sie flogen nahe an den Berggipfeln, schmiegten sich dem Gelände an und neigten sich im Flug von Seite zu Seite.

Als er in Yakima, Washington, anderthalb Stunden später landete, um aufzutanken, erwähnte er seine Sichtung gegenüber anderen Piloten. Die Nachricht verbreitete sich so schnell, dass ihn bei seiner Ankunft in Pendleton später am Nachmittag bereits eine kleine Menschenmenge erwartete. Als er versuchte, Journalisten die Sichtungen zu erklären, sagte er, dass die mysteriösen Fahrzeuge „wie über Wasser springende Untertassen" geflogen seien. Ein unbekannter Zeitungsredakteur änderte prompt diese Beschreibung in den eingängigen Ausdruck „fliegende Untertassen".

Nachdem die nationalen Medien in den folgenden Tagen Arnolds Sichtung ausführlich behandelt hatten, begannen Menschen überall in den Vereinigten Staaten, den Himmel zu beobachten. Viele von ihnen sichteten und einige fotografierten silberne Punkte, die in großer Höhe von West nach Ost zogen. Diese weit verbreiteten Sichtungen verliehen den Scheiben eine dauerhafte Präsenz in der Popkultur, die Phantomluftschiffe, „Foo-Fighter" und Deros nie hatten. Diese frühen rätselhaften Vorfälle gerieten in der Popkultur in Vergessenheit, sobald sie nicht mehr auftauchten, aber fliegende Untertassen blieben im kollektiven Gedächtnis verhaftet, zunächst in Amerika, dann in der ganzen Welt.

SIEHE AUCH: Das vorhergesagte Phänomen (1946), Der Roswell-Absturz (1947)

DER URHEBER DES BEGRIFFS „FLIEGENDE UNTERTASSEN": Kenneth Arnold steht neben seinem Flugzeug, das er flog, als er etwas Seltsames am 24. Juni 1947 sah.

WELCOME TO
ROSWELL

DER ROSWELL-ABSTURZ

1947

Rancher W. W. „Mac“ Brazel war sich nicht sicher, was er mit den Trümmern anfangen sollte, die er im Juni 1947 verstreut über seinem Land fand. Am 5. Juli fuhr er in die nächstgelegene Stadt Roswell, New Mexico, wo er zum ersten Mal von den fliegenden Scheiben hörte, die Kenneth Arnold und andere gesichtet hatten. Dies veranlasste ihn, zu seinem Eigentum zurückzukehren, wo er einige der Trümmerteile aufsammelte, die er ins Büro des Sheriffs in Roswell brachte. Der Sheriff rief das Roswell Army Airfield an, woraufhin zwei Offiziere entsandt wurden, um die Sache zu untersuchen. Sie nahmen die Trümmer mit auf ihren Stützpunkt, wo der Presseoffizier Walter Haut die Medien informierte, dass das Militär die Überreste einer fliegenden Scheibe entdeckt hätte.

Am nächsten Tag ruderte die Armee zurück und teilte mit, dass die Trümmer die Überreste eines Wetterballons seien. Die Medien ließen die Geschichte fallen. In den folgenden Jahren sondierten UFO-Ermittler weiter, und Gerüchte wurden laut, dass die Roswell-Trümmer die Leichen beim Absturz getöteter außerirdischer Wesen enthalten hätten. Mitte der 1960er-Jahre behaupteten einige UFO-Forscher, dass die US-Regierung die Leichen Außerirdischer einer abgestürzten Untertasse in einem Kühlhaus auf der Wright-Patterson Air Force Base in Ohio aufbewahren würde. Einige Dutzend Personen, die entweder tatsächlich oder vorgeblich Kontakt zum Roswell-Absturz hatten, traten ab 1978 an die Öffentlichkeit und beharrten darauf, dass die Wrackteile außerirdischen Ursprungs seien.

1994 gehörte Roswell zu den bekanntesten UFO-Vorfällen der Welt, der von einem Nebel konkurrierender Geschichten und Theorien umgeben war. In diesem Jahr veröffentlichte die US-Luftwaffe Dokumente, die beweisen sollten, dass es sich bei den Trümmern in Roswell um Teile eines Aufklärungsballons aus dem Projekt Mogul gehandelt habe, einem streng geheimen Programm, um die russischen Atomtests auszuspionieren. Die Glaubwürdigkeit der US-Regierung war zu diesem Zeitpunkt bereits so tief gesunken, dass nur wenige Menschen die neue Behauptung akzeptierten.

SIEHE AUCH: Der Aurora-Absturz (1897), Das Tunguska-Ereignis (1908), Der Kecksburg-Absturz (1965), Der Shag-Harbour-Absturz (1967), Die Landung im Rendlesham Forest (1980), Der Megaplatanos-Absturz (1990), Die Varginha-Nahbegegnungen (1996)

WILLKOMMEN IM UFO-LAND: Dieses 2017 aufgestellte Schild begrüßt Besucher in Roswell, New Mexico.

F-51

DER MANTELL-VORFALL

1948

Es war kurz nach Mittag am 7. Januar 1948 in Fort Knox, Kentucky, als die Telefone zu schrillen begannen. Einwohner der nahegelegenen Städte Madisonville, Owensboro und Irvington berichteten, dass sie ein weißes kreisförmiges Objekt mit einem Durchmesser von 76 bis 92 Metern in der Luft gesehen hätten. Um 13:45 Uhr sichteten Offiziere vom Dienst im Kontrollturm des Flughafens von Fort Knox das Objekt. Zeugen an zwei weiteren Militärstützpunkten in der Gegend beobachteten das Objekt aus der Ferne, das sie als kegelförmig mit abgerundeter Spitze beschrieben.

Vier Mustang-Jagdflugzeuge der Kentucky Air National Guard waren bereits in der Luft und erhielten vom Tower in Fort Knox den Auftrag, das Objekt zu untersuchen. Als sich die Flugzeuge näherten, begann das Objekt zu steigen. Sobald es über 6.900 Meter gestiegen war, drehten die Maschinen bis auf die von Captain Thomas F. Mantell ab, der die Verfolgung fortsetzte.

Mantell war ein erfahrener Flieger, der mit dem Distinguished Flying Cross und der Luftmedaille ausgezeichnet wurde, während er im Zweiten Weltkrieg diente. Er funkte an den Tower, dass das von ihm verfolgte Objekt metallisch und von enormer Größe zu sein schien. Kurz danach verlor der Tower den Kontakt zu Mantell. Seine Leiche wurde später am selben Tag in den Wrackteilen seines Flugzeugs gefunden.

Ermittler der Luftwaffe behaupteten sofort, dass Mantell und die anderen dem Planeten Venus nachgesetzt wären, wobei Mantell zu hoch geflogen und wegen Sauerstoffmangels ohnmächtig geworden sei. Am helllichten Tag ist Venus jedoch so gut wie unsichtbar und wäre an diesem Tag von einer dicken Dunstschicht verdeckt gewesen. Später schlugen mehrere Ermittler vor, dass Mantell möglicherweise einem der Höhenballon-Experimente der US-Navy nachgejagt sei, die 1948 streng geheim waren. Niemand konnte bislang einen spezifischen Test in dieser Gegend nachweisen, aber viele der fraglichen Ballonexperimente werden bis heute unter Verschluss gehalten.

SIEHE AUCH: Valentichs Verschwinden (1978)

DIE VERFOLGUNG DES UNERKLÄRLICHEN: Diese Abbildung zeigt Captain Thomas Mantell bei der Verfolgung eines unidentifizierten metallischen Objekts im Jahr 1948.

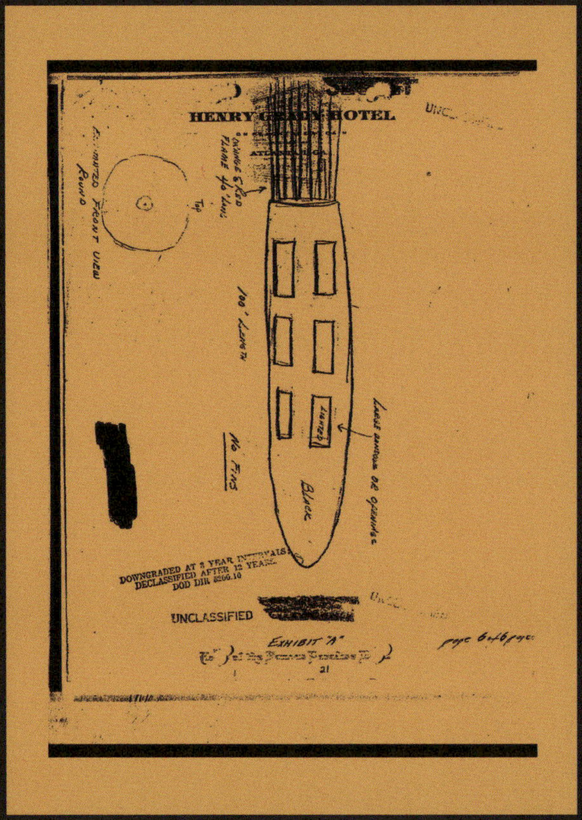
HENRY GRADY HOTEL
ORANGE & RED FLAME 40' LONG
TOP
ESTIMATED FRONT VIEW ROUND
100' LENGTH
NO FINS
LARGE WINDOWS OR OPENINGS
LIGHTED
BLACK
DOWNGRADED AT 3 YEAR INTERVALS; DECLASSIFIED AFTER 12 YEARS. DOD DIR 5200.10
UNCLASSIFIED
EXHIBIT "A"
21

DIE CHILES-WHITTED-SICHTUNG

1948

In den frühen Morgenstunden des 24. Juli 1948 flog eine DC-3 der Eastern Air Lines in Richtung Atlanta, Georgia. Die Nacht war klar, der Mond schien durch die hohe aufgelockerte Bewölkung. Um etwa 2:45 Uhr morgens bemerkte der Pilot Clarence Chiles ein mattes rotes Glühen über und vor der Maschine und sah ein unbekanntes Objekt, das aus dem Glühen auftauchte. Er lenkte die Aufmerksamkeit seines Kopiloten John Whitted auf das Objekt, das sie 10 bis 15 Sekunden beobachteten, während es an der DC-3 vorbeischoss und dann mit hoher Geschwindigkeit hochstieg, bis es außer Sicht war.

Chiles und Whitted gemäß war das Objekt zigarrenförmig und ungefähr dreißig Meter lang sowie fünf bis zehn Meter breit. Es hatte auf der ihnen zugewandten Seite zwei Fensterreihen, die in einem intensiven Licht erstrahlten. Flammen schlugen aus seinem Heck heraus. Beide Männer glaubten, es handele sich um ein experimentelles Militärflugzeug, was Chiles mit den Worten „ein neuer Armee-Jet-Job" ausdrückte. Die meisten Passagiere des Flugs schliefen, doch einer namens C. L. McKelvie berichtete, dass er einen hellen Lichtstreifen an seinem Fenster vorbeifliegen sah. Inzwischen hatte der Stabschef vom Dienst auf der Robins Air Force Base in der Nähe von Macon, Georgia, ein sehr helles Licht gesichtet, das mit hoher Geschwindigkeit über dem Kopf vorbeizog.

Die Chiles-Whitted-Sichtung erhielt in den Medien große Beachtung. Das Project Sign der US-Luftwaffe entschied nach der Untersuchung dem Stabschef der Luftwaffe, Hoyt Vandenberg, eine „Einschätzung der Situation" vorzulegen, und schlug vor, die von Arnold, Mantell, Chiles und Whitted beobachteten Objekte als extraterrestrisch einzustufen. In der Öffentlichkeit beharrten die Behörden jedoch darauf, dass Chiles' und Whitteds Sichtung nichts anderes als ein Meteor gewesen war. Diese Erklärung, die von vielen Mitgliedern der Öffentlichkeit abgelehnt wurde, trug zu der Überzeugung bei, dass die US-Luftwaffe mehr über UFOs wusste, als sie zugab, und an einer Vertuschung beteiligt war.

SIEHE AUCH: Die Nash-Fortenberry-Sichtung (1952), Die Sichtung auf Flug 1628 (1986), Die Alderney-Sichtung (2007)

„EINSCHÄTZUNG DER SITUATION": Chiles hat seinen Eindruck des Objekts in dieser Zeichnung festgehalten.

DER MARIANA-FILM

1950

Während des zwanzigsten Jahrhunderts war Baseball in den unteren Ligen mehr als eine kleine Obsession in den Kleinstädten der Vereinigten Staaten. Mannschaften der unteren Ligen trainierten zukünftige Stars für die großen Ligen und boten örtlichen Zuschauern beste Unterhaltung. Aus diesem Grund überprüften Nick Mariana, der Geschäftsführer der Great Falls Selectrics, und seine Sekretärin, Virginia Rauning, das Spielfeld am Morgen des 15. August 1950 im Legion Stadium in Great Falls, Montana.

An jenem Tag erweckte ein heller Blitz am Himmel ihre Aufmerksamkeit. Sie schauten nach oben, als zwei helle scheibenförmige Objekte von ungefähr fünfzehn Metern Breite und 45 Meter hintereinander durch den Himmel rasten. Mariana hatte eine 16-mm-Filmkamera in seinem Auto. Er sprintete zu seinem Fahrzeug, nahm die Kamera heraus und machte einen sechzehn Sekunden langen Farbfilm, ehe die Objekte aus dem Blickfeld verschwanden. Mariana ließ den Film sofort entwickeln und führte ihn mehrmals örtlichen Gemeindegruppen vor.

Das war der Moment, als sich die US-Luftwaffe einschaltete. Captain John Brynildsen kam zur Befragung von Mariana und Rauning und versuchte sie davon zu überzeugen, dass sie Licht gesehen hätten, das von zwei Düsenjägern reflektiert wurde, und vereinbarte, den Film zur Untersuchung auf den Luftstützpunkt Wright-Patterson mitzunehmen. Als ein Reporter Brynildsen in Great Falls interviewte, sagte er, er habe 240 cm Film von Mariana erhalten, aber in seinem mittlerweile freigegebenen Bericht an seine Vorgesetzten auf dem Luftstützpunkt hieß es, er habe 460 cm Film entgegengenommen.

Als Mariana einige Wochen später den Film zurückerhielt, stellte er fest, dass die ersten fünfunddreißig Bilder – diejenigen, die die Scheiben am deutlichsten zeigten – entfernt worden waren. Die Luftwaffe bestritt dies, aber Personen, die den Film vor der zeitweiligen Beschlagnahme durch die Luftwaffe gesehen hatten, waren auf Seiten Marianas. All dies förderte die Überzeugung, die Luftwaffe versuche den Vorfall zu vertuschen.

SIEHE AUCH: Die Ummo-Affäre (1966), Die Gulf-Breeze-Begegnungen (1987), Der Tic-Tac-Vorfall (2004)

DAS MYSTERIÖSE BEWEGTE BILD: Eine Luftaufnahme von Great Falls, Montana, zeigt das Gelände, das Mariana mit seinem 240 cm langen Filmstreifen festhielt. (Oder waren es 460 cm?)

DAS PROJECT BLUE BOOK

1952

Die US-Luftwaffe hatte bereits einen zweifelhaften Ruf unter denjenigen, die sich für UFOs interessierten, bevor Nachrichten über den Mariana-Film bekannt wurden. Ende des Jahres 1947 wurde die erste Untersuchung von UFO-Phänomenen, das Project Sign, durch die Luftwaffe eingerichtet. Im Spätsommer 1948 brachte Sign einen ersten Bericht heraus, der darlegte, dass fliegende Untertassen real seien, dass sie weder sowjetischen noch amerikanischen Ursprungs seien und dass es sich um außerirdische Raumfahrzeuge handeln könnte. Dieser Bericht mit dem Titel „Einschätzung der Situation" wurde vom Stabschef der US-Luftwaffe General Hoyt Vandenberg abgelehnt, der Sign einstellte und durch das Project Grudge ersetzte, das die Aufgabe hatte, UFO-Phänomene zu widerlegen.

Bis 1952 hatte dies der Luftwaffe so viel schlechte Publicity beschert, dass Grudge beendet wurde und durch ein anderes Programm, das Project Blue Book, unter der Leitung von Captain Edward J. Ruppelt abgelöst wurde. Anfangs befasste sich das Blue Book ernsthaft mit der Untersuchung von UFO-Sichtungen, entwickelte einen Standard-Fragebogen für Zeugen und ernannte auf jedem Luftstützpunkt einen Offzier zum Blue-Book-Beauftragten.

1953 änderte die Luftwaffe ihre Meinung und versetzte acht der zehn Mitarbeiter, die Ruppelts Arbeit unterstützten. Sie gab zudem eine neue Direktive (Regulation 200-2) für Luftwaffenoffiziere heraus, alle UFO-Fälle mit unbekannten Ursachen zu klassifizieren und nur diejenigen öffentlich zu besprechen, die prosaische Erklärungen hatten. Im August desselben Jahres stieg Ruppelt aus dem Projekt aus. Im Dezember wurde die Joint Army-Navy-Air Force Regulation 146 erlassen, die Militärpersonal unter Strafe stellt, das mit Unbefugten geheime UFO-Berichte diskutiert. Danach diente das Project Blue Book als Ort der Entlarvungen, die nur wenige glaubten. Die Überzeugung, dass die US-Luftwaffe etwas verheimlichte, verbreitete sich mit jedem Jahr, das verging, immer weiter.

SIEHE AUCH: Der Condon-Bericht (1969), Regierungsanhörungen zu UAPs (2023)

EINE REGIERUNGSVERSCHWÖRUNG? Dieses Foto, das von Shell R. Albert am 16. Juli 1952 aufgenommen wurde, zeigt unidentifizierte Flugobjekte in „V"-Formation.

DIE NASH-FORTENBERRY-SICHTUNG

1952

Trotz der großen Aufmerksamkeit, die den Mantell- und Chiles-Whitted-Sichtungen zuteil wurde, gab es nach der großen Aufregung von 1947 nur wenige UFO-Sichtungen. 1952 kamen die Untertassen mit aller Macht zurück. Zwischen Anfang April und Ende August dieses Jahres zeichneten Ermittler der US-Luftwaffe mehr als tausend Sichtungen allein in den Vereinigten Staaten auf. Seltsamerweise begann die neue Sichtungswelle, kurz nachdem die Luftwaffe ihr UFO-Berichtsprogramm umstrukturiert und in Project Blue Book umbenannt hatte, das reichlich Material lieferte für einen Beitrag über UFOs in *Life*, einem der beliebtesten Magazine dieser Zeit. Der Artikel mit dem Titel „Have We Visitors from Space?" stützte die extraterrestrische Hypothese.

Von den vielen Sichtungen, die sich ereigneten, war die Nash-Fortenberry-Sichtung eine der bekanntesten. Am Abend des 14. Juli 1952 stiegen der Pilot William Nash und der Kopilot William Fortenberry in das Cockpit einer DC-4-Passagiermaschine der Fluggesellschaft Pan Am und starteten auf einen Routineflug von New York nach Miami. Nichts Ungewöhnliches passierte bis 20:12 Uhr, als sie 2440 Meter über Chesapeak Bay nahe Norfolk, Virginia, waren. In diesem Moment entdeckten sie sechs glühende rote Scheiben in der Luft unter ihnen, die sich etwa 610 Meter über dem Wasser der Bucht in südöstlicher Richtung bewegten.

Obwohl Nash und Fortenberry als erfahrene Piloten mit jeder Art von Luftfahrzeugen und optischen Effekten der Atmosphäre vertraut waren, sagten beide, sie hätten nichts wie diese Scheiben je zuvor gesehen. Beide Männer beobachteten, wie die Scheiben mit hoher Geschwindigkeit in nordwestlicher Richtung unter der DC-4 herflogen und dann scharf in Richtung Westen abdrehten. Zwei weitere reihten sich ein und die acht flogen westwärts, bis Nash und Fortenberry sie aus den Augen verloren. Mittlerweile berichteten mehrere Zeugen in der Gegend um Norfolk, etwa zur gleichen Zeit fliegende Scheiben erblickt zu haben.

SIEHE AUCH: Die Chiles-Whitted-Sichtung (1948), Die Sichtung auf Flug 1628 (1986), Die Alderney-Sichtung (2007)

MEHR ALS TAUSEND SICHTUNGEN: Berichte über geheimnisvolle Objekte häuften sich im Jahr 1952 in der Gegend um Norfolk, Virginia.

SAUCERS OVER WASHINGTON, D.C.
HARRY G. BARNES, SENIOR AIR ROUTE TRAFFIC CONTROLLER FOR THE CIVIL AERONAUTICS ADMINISTRATION, WAS IN CHARGE OF THE NATIONAL AIRPORT, WASHINGTON, D.C., A.R.T. CONTROL CENTER ON THE NIGHT OF JULY 19, 1952. "BRIEFLY," HE STATES IN A NEWSPAPER ARTICLE, "...OUR JOB IS TO CONSTANTLY MONITOR THE SKIES AROUND THE NATION'S CAPITOL WITH THE ELECTRONIC EYE OF RADAR..." SHORTLY AFTER MIDNIGHT ON THAT DATE, SEVEN PIPS APPEARED SUDDENLY ON THE CONTROL CENTER'S SCOPE. ED NUGENT, JIM COPELAND, AND JIM RITCHEY, ALL EXPERIENCED RADAR CONTROLLERS, CHECKED THE OBSERVATIONS. THE AIRPORT CONTROL TOWER RADAR OPERATOR VERIFIED THE SAME SIGHTING. THEY WERE OVER "THE RESTRICTED AREAS OF WASHINGTON, INCLUDING THE WHITE HOUSE AND THE CAPITOL..."
CAPTAIN C.S. PIERMAN, A CAPITOL AIRLINES PILOT OF 17 YEARS FLYING EXPERIENCE, SHORTLY AFTER TAKING OFF, WAS ASKED TO CHECK THESE MYSTERIOUS OBJECTS. HE RADIOED BACK...
THERE'S ONE.... AND THERE IT GOES!
PIERMAN DESCRIBED IT AS A BRIGHT LIGHT MOVING FASTER, AT TIMES, THAN A SHOOTING STAR...
BARNES STATES: "DURING THE NEXT 14 MINUTES, HE (PIERMAN) REPORTED THAT HE SAW SIX SUCH LIGHTS... EACH SIGHTING COINCIDED WITH A PIP WE COULD SEE NEAR HIS PLANE. WHEN HE REPORTED THAT THE LIGHT STREAKED OFF AT HIGH SPEED, IT DISAPPEARED FROM OUR SCOPE..."
THAT MEANS IT ZOOMED OUT OF OUR BEAM BETWEEN SWEEPS! IT ACCELERATED FROM 130 MILES PER HOUR TO ALMOST 500 IN LESS THAN 4 SECONDS...
25
7-3712-41

UFOS ÜBER WASHINGTON, D.C.

1952

Die dramatischste der UFO-Sichtungen während der Hysterie von 1952 ereignete sich nur fünf Tage nach der Nash-Fortenberry-Sichtung. Um 22:40 Uhr in der Nacht des 19. Juli 1952 rief der Fluglotse Edward Nugent seinen Vorgesetzten Harry Barnes auf dem Washington National Airport in Washington, D.C., herbei. Sieben unbekannte Objekte erschienen auf dem Radar fünfundzwanzig Kilometer südwestlich vom Flughafen. Barnes erkundigte sich beim Kontrollturm des Flughafens, der auch über Radar verfügte, und erfuhr, dass die beiden diensthabenden Fluglotsen ebenfalls unbekannte Objekte gesichtet hatten und ein helles Licht, das über dem Flugfeld schwebte. Als weitere Berichte auch von Augenzeugen nach und nach hereinkamen, nahm Barnes Kontakt zur Luftwaffe auf, worauf zwei F-94-Abfangjäger aufstiegen, um die Sache zu untersuchen. Die Lichter verschwanden, kurz bevor die Jäger eintrafen, kehrten aber nach dem Abdrehen der Maschinen wieder und blieben bis kurz vor der Dämmerung.

Die Sichtungen gingen durch alle US-Nachrichtenmedien, aber das war noch nicht alles. Eine Woche später, in der Nacht des 26. Juli, tauchten auf den Radarschirmen am Washington National Airport und an der Andrews Air Force Base abermals mehrere unbekannte Objekte auf. Vier Kampfflugzeuge stiegen auf, um sie abzufangen. Diesmal sichteten zwei der Piloten glühende Lichter in der Luft, die sie zu verfolgen versuchten, aber die Lichter entkamen den Düsenjets mit Leichtigkeit. Die unbekannten Objekte trieben bis zum Sonnenaufgang ihr Unwesen und wurden auch von anderen Zeugen beobachtet.

Die Sichtungen vom 26. und 27. Juli lösten ebenfalls einen Medienrummel aus, doch die US-Luftwaffe unternahm nichts, um ihn zu stoppen, indem sie nach einer kurzen Ermittlung behauptetete, dass es sich bei den Lichtern um Sterne und Meteore handelte und die Radarsignale durch eine Temperaturinversion erzeugt wurden. Nur sehr wenige Menschen außerhalb der offiziellen Luftwaffenkreise fanden dies überzeugend.

SIEHE AUCH: Die Teheraner Sichtungen (1976), Der Manises-Vorfall (1979), Die Nacht der UFOs (1986), Der Tic-Tac-Vorfall (2004)

DA FLIEGT ES! Dieser 1952 veröffentlichte Comic zeigt eine Sichtung über dem Kapitol in Washington, D.C.

DAS FLATWOODS-MONSTER

1952

Bereits am 12. September 1952 war in Nordamerika eine Rekordzahl von UFO-Sichtungen verzeichnet worden. Gegen 19:15 Uhr an diesem Abend beobachteten drei Jungen in der Kleinstadt Flatwoods, Virginia, ein helles Licht, das den Himmel durchquerte und in einem Waldstück niederging, das einem Nachbarn gehörte. Sie rannten nach Hause und beschrieben, was sie gesehen hatten. Kurz darauf liefen die Jungen, zwei Erwachsene und zwei weitere Jungen aus der Gegend zum Grundstück des Nachbarn, um die Sache zu untersuchen.

Sie kämpften sich durch den Wald voran, bis sie eine Hügelspitze erreichten. Dort bemerkten sie in einiger Entfernung ein rot glühendes Licht. Einer der Erwachsenen, Eugene Lemon, hatte eine Taschenlampe und leuchtete in Richtung des Lichts, das sich als eine etwa drei Meter große humanoide Gestalt mit glühenden Augen erwies. Sie hatte klauenähnliche Hände und ihr Körper schien von schwarzem oder dunkelgrünem Tuch verhüllt zu sein. Die Zeugen waren sich uneinig über den Kopf – einer sagte, der Kopf habe wie ein Pikass ausgesehen, wohingegen andere glaubten, das Gesicht der Kreatur sei von einer spitzen Kapuze umschlossen gewesen.

Die Kreatur machte ein zischendes Geräusch und glitt auf die Zeugen zu. Lemon schrie, ließ die Taschenlampe fallen, dann drehte sich die ganze Gruppe um und rannte davon. Sie hatten in dieser Nacht keine weiteren Begegnungen mehr mit dem Monster oder irgendetwas Unheimlichem.

Das „Flatwoods-Monster“, wie man die Kreatur schon bald nannte, erregte in der ganzen Region Aufsehen. Skeptiker bestanden darauf, dass die Kreatur eine Schleiereule gewesen sein müsse, doch konnten sie nicht erklären, wie Bewohner des ländlich geprägten West Virginas eine bekannte Eulenart mit einem drei Meter großen Monster verwechseln konnten. Nur wenige Menschen erinnerten sich daran, dass humanoide Kryptiden mit leuchtenden Augen seit Jahrhunderten in halb Nordamerika gemeldet worden waren, und so trug das Flatwoods-Monster dazu bei, das aufkeimende UFO-Phänomen der 1950er-Jahre zu befeuern.

SIEHE AUCH: Mothman! (1966), Die Ära der hohen Fremdartigkeit (1969), Die Nahbegegnung im Ilkley Moor (1987)

EINE UNHEIMLICHE GESCHICHTE: Ein Zeichner schuf diese Darstellung des Flatwoods-Monsters gemäß dem Bericht der Mutter der zwei Jungen, die es gesehen hatten.

DIE ÄRA DER KONTAKTLER BEGINNT

1952

George Adamski, gebürtiger Pole und aufgewachsen in den Vereinigten Staaten, hatte viele Jobs und zog häufig um, bis er in Los Angeles eine Nische als „Lehrer" des Okkultismus fand. Seine Organisation bot Kurse über Reinkarnation und positives Denken an, machte Radioprogramme und versammelte einen Kreis von Studenten. Einige dieser Studenten waren am 13. Dezember 1952 zugegen, als er einer hellseherischen Eingebung folgend nach Desert Center, Kalifornien, aufbrach in der Hoffnung, Kontakt zu einer fliegenden Untertasse aufzunehmen.

Seinen Angaben nach, die seine Studenten bestätigten, war er bei seiner Suche erfolgreich. Nachdem er sein Auto zurückgelassen hatte und allein in die Wüste gelaufen war, sah Adamski eine fliegende Untertasse landen und traf sich mit ihrem Insassen. Der Untertassen-Pilot, der lange blonde Haare hatte, schien völlig menschlich zu sein. Er verständigte sich mit Adamski telelepathisch, nannte sich Orthon, behauptete, von der Venus zu kommen und warnte vor den Gefahren von Atomwaffen.

Dies war nur die erste von mehreren Begegnungen mit demselben blonden Außerirdischen und vielen anderen, die er in drei Buch-Bestsellern verarbeitete. Wenn Adamski auch nicht die erste Person war, die beteuerte, Kontakt mit UFO-Insassen gehabt zu haben – das Buch *I Rode a Flying Saucer* seines Freundes und Okkultisten George Van Tassel erschien früher – war er doch der erste Kontaktler, der die öffentliche Fantasie beflügelte und ein Muster schuf, dem viele andere Kontaktler folgten.

Skeptiker beschuldigten ihn, Fotos von Untertassen, die er angeblich aufgenommen hatte, gefälscht zu haben, und wissenschaftliche UFO-Forscher taten ihr Bestes, die Kontaktler zu ignorieren und sich auf weniger abenteuerliche Berichte über Sichtungen zu konzentrieren. Nichts von alledem hielt Adamski davon ab, die Einstellung der Öffentlichkeit gegenüber dem aufkommenden UFO-Phänomen maßgeblich zu beeinflussen.

SIEHE AUCH: Die Giant Rock Convention (1953), Weltkontakttag (1953), *When Prophecy Fails* (1954), Die Billy-Meier-Kontakte (1975), Die Heaven's-Gate-Selbstmorde (1997)

EXTRATERRESTRISCHER FOTOGRAF: George Adamski ist hier neben seinem Teleskop am Temple of Scientific Philosophy in Laguna Beach, Kalifornien, abgebildet.

DIE GIANT ROCK CONVENTION

1953

Im Anschluss an Adamskis ersten Buch-Bestseller gelangten viele andere Menschen zu der Überzeugung, dass sie mit den interplanetarischen Intelligenzen, die hinter den fliegenden Untertassen standen, Kontakt hatten. Adamskis Freund George Van Tassel gehörte zu den ersten Vertretern der Bewegung. Sein 1952 veröffentlichtes Buch *I Rode a Flying Saucer* fand eine gewisse Beachtung, doch mehr Aufmerksamkeit erhielt er 1953, als er bekannt gab, dass ihm übersinnliche Mitteilungen von der Venus übermittelt würden.

Van Tassel hatte 1947 eine erfolgreiche Karriere in der Flugzeugindustrie aufgegeben, um in Räumen zu leben, die sich unter dem Giant Rock befanden, einem sieben Stockwerke hohen Felsbrocken in der Nähe von Landers, Kalifornien. Dort leitete er Meditationssitzungen seines Colleges of Universal Wisdom und auch dort veranstaltete er alljährlich die Giant Rock Spacecraft Convention.

Von 1953 bis zu Van Tassels Tod 1978 war der Kongress die bedeutendste Zusammenkunft von UFO-Kontaktlern, an der bis zu zehntausend Menschen teilnahmen. Die Tagung spielte eine zentrale Rolle für die Entwicklung einer Kontaktler-Subkultur und bereitete den Boden für die New-Age-Bewegung Ende des zwanzigsten Jahrhunderts. Sie gab auch den Anstoß für Van Tassels nachhaltigstes Projekt, das Integraton.

Laut Van Tassel empfing er von seinen außerirdischen Kontakten ausführliche Anweisungen für den Bau einer Struktur, die das menschliche Leben verlängern würde und den Weg für Antigravitation und Zeitreisen ebnen würde. Abgesehen von einer Metallhülle an der Außenseite besteht das Integraton vollständig aus nichtmagnetischen Materialien, nämlich Holz, Beton, Glas und Fiberglas, und zudem wurden weder Metallnägel noch -schrauben verbaut. 1978, als nur noch wenige Details fehlten, um das Gebäude fertigzustellen, besuchte Van Tassel Freunde in Sant Ana und verstarb noch während seines Aufenthalts urplötzlich. Das Integraton existiert auch heute noch, da jedoch die letzten Einzelheiten nicht niedergeschrieben wurden, bleibt es für immer unvollendet.

SIEHE AUCH: Die Ära der Kontaktler beginnt (1952), Weltkontakttag (1953), *When Prophecy Fails* (1954), Die Billy-Meier-Kontakte (1975), Die Heaven's-Gate-Selbstmorde (1997)

ÜBERSINNLICHE MITTEILUNGEN VON DER VENUS: Das hier abgebildete Integraton ist ein perfekter akustischer Rundbau, den George Van Tassel für seine Kommunikation mit Außerirdischen errichtete.

Why were these men SILENCED?
They Knew Too Much About Flying Saucers
One by one, the leading figures among flying saucer researchers, who have challenged the government denial that saucers come from outer space, have been silenced. They are still alive, still living where they used to. But they will no longer talk about flying saucers or reveal why they refuse to do so.
Who were the three men in dark suits that visited them? Were they government agents, or agents of other planets? Whoever they were, they have silenced the researchers.
Now . . . in THEY KNEW TOO MUCH ABOUT FLYING SAUCERS, you may read the facts behind this frightening story — facts never before published!
Gray Barker, the author, was Chief Investigator for the International Flying Saucer Bureau—an organization which had its principal leader silenced by three men in black before he could reveal to the world his solution of the flying saucer mystery. Other leading investigators have also been intimidated. All their stories are here.
Grey Barker remains one of the unsilenced few. His true, amazing report includes eye-witness accounts of the famed Flatwoods "monster" which landed on a dark West Virginia hillside.
READ
WHAT HAPPENED TO CERTAIN RESEARCHERS WHO FOUND OUT WHERE THE SAUCERS COME FROM!
UNIVERSITY BOOKS, INC. Dept. F
404 Fourth Avenue, New York 16, New York
Please send me ...... copies of THEY KNEW TOO MUCH ABOUT FLYING SAUCERS by Gray Barker.
☐ I enclose $3.50 for each, you pay postage.
☐ Please send C.O.D. I'll pay postman $3.50 for each plus C.O.D. postage.
Name
Address
City
Zone State
7

WELTKONTAKTTAG

1953

Kalifornien war in den frühen 1950er-Jahren das Epizentrum der nordamerikanischen UFO-Kontaktlerszene, aber das Phänomen erregte damals Interesse auf dem ganzen Kontinent. Die erste Mitgliedsorganisation, das International Flying Saucer Bureau (IFSB), wurde 1952 vom Ufologen Albert K. Bender in Bridgeport, Connecticut, gegründet. Das IFSB zog sofort mehr als sechshundert Mitglieder an und gab die Vierteljahreszeitschrift *Space Review* heraus.

Die Mitglieder beschlossen, dass es Zeit sei, einen Versuch zu unternehmen, Kontakt zu den Piloten der geheimnisvollen Untertassen aufzunehmen. Wie viele der frühen UFO-Gruppen hatte das IFSB eine große Anzahl von Okkultisten unter seinen Mitgliedern, und die von ihnen bevorzugte Methode, um Untertassen zu suchen, war Massentelepathie. Am 15. März 1953 versenkten sich ab 18:00 Uhr Eastern Time IFSB-Mitglieder in Meditation und konzentrierten sich auf einen Text, der mit der Anrufung begann: „Calling occupants of interplanetary craft!" („Wir rufen die Insassen interplanetarischer Raumfahrzeuge!")

Die Rückmeldung war nicht die, die Bender sich erhofft hatte. Er behauptete noch vor dem Weltkontakttag, von seltsamen Männern mit glühenden Augen verfolgt worden zu sein. Laut seinem späteren Bericht besuchten ihn mehrmals drei Männer in schwarzen Anzügen zu Hause und sagten, er solle das IFSB schließen. Im Oktober verschickte er die letzte Ausgabe der *Space Review*, löste die Organisation auf und gab jede weitere UFO-Forschung auf.

Doch endete der Weltkontakttag mit einem unerwarteten Echo in der Popkultur. Zwanzig Jahre später las John Woloschuk der kanadischen Progressive-Rock-Band Klaatu darüber und benutzte die Nachricht als Text für einen 1976 veröffentlichten Song mit dem Titel „Calling Occupants of Interplanetary Craft!". Es wurde der größte Hit der Band. Eine Version, die die Carpenters ein Jahr später herausbrachten, wurde sogar noch häufiger gespielt.

SIEHE AUCH: Die Ära der Kontaktler beginnt (1952), Die Giant Rock Convention (1953), *When Prophecy Fails* (1954), Die Männer in Schwarz (1956), Die Billy-Meier-Kontakte (1975), Die Heaven's-Gate-Selbstmorde (1997)

WIR RUFEN DIE INSASSEN INTERPLANETARISCHER RAUMFAHRZEUGE: Diese Anzeige für Gray Barkers *They Knew Too Much About Flying Saucers*, einem Buch über die Art einer Vertuschung, die das IFSB beendete, ist ein Beispiel für die kulturelle Resonanz, die der Weltkontakttag auslöste.

RADAR

N° 294 - 26 SEPTEMBRE 1954
Canada 15 cents ★ 6 fr. belges - 0 fr. 65 suisses
Hebdomadaire 16 PAGES 30 Francs
Maroc (par avion) 40 fr.

VALENCIENNES
RECONSTITUE LA FANTASMAGORIQUE APPARITION "MARTIENNE" QUI SIDÉRA Marius DEWILDE

Grâce à ses dessinateurs et reporters photographes, RADAR s'est attaché à reconstruire avec une extrême minutie l'hallucinante apparition dont fut témoin M. Dewilde (ci-dessous) garde-barrière dans le Nord. Evénement à peine croyable : il aurait vu atterrir, près de sa maison, une soucoupe volante!

HALLUCINATION ? Vérité ?
Marius Dewilde, ouvrier métallurgiste à Quarouble (Nord), prétend avoir vu une soucoupe volante, posée sur la voie ferrée qui dessert les Houillères nationales, à 6 mètres de sa maison. De petites créatures, vêtues d'une sorte de scaphandre, coiffées de casques en matière translucide, avaient réintégré en courant, le mystérieux engin. Ayant voulu s'en approcher, Marius Dewilde avait été paralysé par un rayon qui, brutalement, avait jailli de l'appareil.

Trois jours plus tôt, deux cultivateurs d'Acheux-en-Amiénois (Somme), Emile Renard et Yves de Gillabox, avaient été les témoins, prétendent-ils, de l'atterrissage d'une autre soucoupe volante dans un champ, à 200 mètres de la route d'Harponville à Contay. L'appareil oscillait à quelques centimètres du sol.

Enfin, dernière nouvelle (en en attendant d'autres !), Antoine Mazaud, fermier à Mourièras (Corrèze), se serait trouvé nez à nez avec un passager d'un « navire spatial » qui lui aurait témoigné des sentiments... pacifiques.

De telles nouvelles — sensationnelles, il faut l'avouer — ne vont pas sans susciter l'incrédulité de beaucoup. Mais pour ceux qui, depuis sept ans, se penchent sur le troublant problème des soucoupes volantes, elles ne font que rééditer certains témoignages recueillis par l'Ouranos, un organisme de recherches qui fixe maintenant à sept le nombre de « navires de l'espace » ayant atterri sur le territoire français.

Mais la France n'a pas le privilège de ces visites surprenantes.

Le 24 juin 1947, un aviateur américain, Arnold Kenneth, apercevait au-dessus du mont Rainier (Etat de Washington) « 9 objets scintillants évoluant à hauteur des pics neigeux ». Ils ressemblaient à des soucoupes surmontées d'une protubérance qui affectait la forme d'une tasse renversée. Chacun d'eux avait à peu près l'envergure d'un quadrimoteur « C 54 ».

A partir de cette date, il ne se passa pas de semaine sans que ces mystérieux engins ne fussent signalés quelque part dans le monde.

L'« U.S. Air-Force », sans prendre tout d'abord position, collecta tous les témoignages et chargea l'A.T.I.C. (Air Technical Intelligence Center) d'ouvrir une enquête. Celle-ci, dénommée « Soucoupe Project », démontra que, sur 270 cas examinés, 60 % pouvaient être expliqués : il s'agissait de ballons-sondes, d'appareils de recherches de rayons cosmiques, de météores, voire d'oiseaux. Mais pour les autres 40 % des cas, le mystère subsistait.

Malgré cette restriction, lorsqu'au mois de décembre 1949, l'enquête « Soucoupe Project » fut close, les conclusions furent que « les soucoupes volantes étaient une plaisanterie ; qu'il s'agissait, en fait : ou bien d'objets connus ; ou bien de mystifications ; ou bien d'hystérie collective ».

Cependant, comme le phénomène continuait à se manifester avec une ampleur croissante, l'« U.S. Air-Force » recréa « Soucoupe Project » discrètement sous l'appellation neutre de « Project Bluebook » ou « Commission Grudge », ou « Project Sign ».

SUITE PAGES 2-3

DIE MARIUS-DEWILDE-BEGEGNUNG

1954

Die Sichtungen der fliegenden Untertassen Ende der 1940er- und Anfang der 1950er-Jahre konzentrierten sich in den Vereinigten Staaten, aber 1954 gab es eine Reihe von Sichtungen in Europa. Eine der bemerkenswertesten war das Erlebnis von Marius Dewilde, einem Eisenbahner in der französischen Stadt Quarouble. Um 22:30 Uhr in der Nacht des 10. September 1954 hörte er, wie sein Hund draußen verzweifelt zu bellen begann. Als das Bellen nicht aufhörte, nahm sich Dewilde eine Taschenlampe und ging hinaus, um nachzusehen.

Auf den Bahngleisen, die etwa sechs Meter neben seinem Haus lagen, befand sich ein Objekt, das er nicht identifizieren konnte. Er hörte Schritte hinter sich, drehte sich um und sah zwei etwa 93 cm große menschenähnliche Lebewesen auf sich zukommen. Dann schoss ein Strahl aus dem Objekt auf den Gleisen und machte Dewilde unbeweglich. Die Wesen gingen an ihm vorbei und kletterten in eine Luke. Das Objekt hob ab, flog davon und änderte dabei seine Farbe. Sobald das Objekt verschwunden war, konnte sich Dewilde wieder bewegen und rief sofort die Polizei.

Die Untersuchung in dieser Nacht und am nächsten Tag stieß auf mehrere unerklärliche physische Spuren. Dewildes Taschenlampe und Telefon, ein altmodisches, batteriebetriebenes Modell, funktionierten nicht mehr. Der Schotter war unter den Gleisen, wo das Objekt gelandet war, verkohlt und auf einer Fläche von fast sechs Metern Breite niedergedrückt. Dewilde selbst konnte sich dem Bereich, in dem sich das Objekt befunden hatte, nicht nähern, ohne plötzlich krank zu werden.

Die Nachwirkungen lieferten jedoch die seltsamsten und beunruhigendsten Beispiele. Der Hund Dewildes, der vorher bei bester Gesundheit war, starb plötzlich einige Tage nach dem Vorfall, und drei Kühe in der Gegend wurden tot aufgefunden, deren Körper auf unerklärliche Weise blutleer waren – ein Beispiel für das Phänomen der Verstümmelung von Rindern, das zwei Jahrzehnte später in den Vereinigten Staaten für Schlagzeilen sorgen sollte.

SIEHE AUCH: Das Geheimnis der geraden Linien (1954), Die Socorro-Landung (1964), Das Geheimnis der Rinderverstümmelungen (1973), Die Nahbegegnung am Dechmont Law (1979), Die Woronescher Nahbegegnung (1989)

DIE PHANTASMAGORISCHE ERSCHEINUNG: In der Ausgabe des *Radar* vom 26. September 1954 (mit Darstellungen von Rino Ferrari) begegnet Marius Dewilde seltsamen und grässlichen Besuchern.

MYSTERIOUS FLYING OBJECT IN FRANCE

PARIS, Thursday. — Military authorities at Metz, eastern France, are investigating an army report of an object "like a flying Christmas tree decoration."

The object was held for three hours in the beam of a searchlight operated by soldiers at the army stand of a fair. The soldiers said that the object, about 50 metres across, remained stationary at an altitude of about 10,000 metres.

Meanwhile, with other reports in France of flying saucers, flying teacups, flying mushrooms and flying bells, came the story of a 15-year-old boy who said he met a "flying cigar" piloted by a man who spoke to him said the man told him "You can look at it, but don't touch."

DAS GEHEIMNIS DER GERADEN LINIEN

1954

Marius Dewildes Erlebnis war Teil eines außergewöhnlichen Ausbruchs von UFO-Phänomenen über Frankreich. Die Sichtungen begannen in den Morgenstunden des 23. August 1954, als mehrere Zeugen in Vernon ein riesiges, leuchtendes, zigarrenförmiges Objekt in der Luft über ihrer Stadt beobachteten, aus dem nacheinander fünf leuchtende Scheiben auftauchten und davonflogen. Drei Wochen später, am 14. September, sichteten dutzende Zeugen in Dörfern an der Atlantikküste mehr als 480 Kilometer entfernt ein identisches Objekt, das wieder Scheiben freisetzte.

In den kommenden Wochen erschienen in verschiedenen Gegenden des Landes sowie in Deutschland, Österreich, Italien und Finnland glühende Scheiben. Ende September hatten bereits mehrere Forscher festgestellt, dass die Scheiben scheinbar geradlinig über das Land zogen und auf eine Sichtung in einem Dorf bald darauf eine Sichtung in einem anderen Dorf entlang der gleichen Flugbahn erfolgen würde. Ein Objekt, das am 17. September um 16:45 Uhr über Rom gesichtet wurde, flog beispielsweise in gerader Linie nach Nordwesten und wurde von mehreren Zeugen über Zentralfrankreich beobachtet, wobei es immer noch derselben linearen Route folgte.

Die Sichtungswelle erreichte ihren Höhepunkt zwischen dem 1. und 11. Oktober, als tausende Zeugen in ganz Frankreich glühende Scheiben, Kugeln und eiförmige Objekte am Himmel entdeckten, eine der größten jemals aufgezeichneten UFO-Wellen. Der Medienrummel war so riesig, dass eine französische Gemeinde ein Gesetz verabschiedete, das UFO-Überflüge über ihre Weinberge verbot, allerdings ist nichts über eine tatsächliche Anwendung bekannt.

In den darauffolgenden Tagen gab es kaum noch Sichtungen und Ende Oktober war der Spuk vorbei. Die französischen Zeitungen machten es sich leicht und verspotteten die Zeugen, doch die aufstrebende französische UFO-Forschungsgemeinde leistete Überstunden, um Berichte zu sammeln und die bemerkenswerte Art und Weise zu dokumentieren, in der so viele unbekannte Objekte exakten Großkreisbahnen durch den Himmel folgten.

SIEHE AUCH: Die Marius-Dewilde-Begegnung (1954), Die Socorro-Landung (1964), Die Nahbegegnung am Dechmont Law (1979), Die Woronescher Nahbegegnung (1989)

EIN AUSBRUCH VON SICHTUNGEN IN FRANKREICH: Ein Zeitungsbericht vom Oktober 1954 erwähnt ein UFO über Frankreich, das die Form eines fliegenden Weihnachtsbaums hatte.

SICHTUNG ÜBER DEM STADIO ARTEMIO FRANCHI

1954

Egal, ob man es Soccer wie in den Vereinigten Staaten nennt oder Fußball wie überall sonst auf der Welt, jedenfalls war das Spiel, das am Nachmittag des 27. Oktober 1954 im Stadio Artemio Franchi in Florenz stattfand, ein faszinierendes Spektakel. Während die Partie zwischen den beiden italienischen Fußballvereinen, der Fiorentina und der Pistoiese, vor mehr als zehntausend begeisterten Fans lief, bemerkten einige der Zuschauer etwas in der Luft über dem Stadion. Daraufhin blickten andere ebenfalls nach oben.

Es wurde still im ganzen Stadion. Dann schrien zehntausend Stimmen vor Erstaunen auf. Hoch oben war ein helles Objekt, das unterschiedlich als ei- und zigarrenförmig beschrieben wurde und sich sehr langsam bewegte. Unterdessen kamen weiße Glitzerfäden aus dem Objekt, die ebenso langsam nach unten trudelten. Die Schiedsrichter unterbrachen das Spiel für zehn Minuten, während Spieler, Trainer und Fans das mysteriöse Objekt vorbeiziehen sahen.

Sie waren nicht die einzigen, die an diesem Nachmittag seltsame Dinge am Himmel beobachteten. Zeugen in der Innenstadt von Florenz sichteten zwanzig kleine, sich schnell bewegende leuchtende Kugeln, die an der Kuppel der Kathedrale Santa Maria del Fiore vorbeiflogen. Panische Anrufe in den Büros der Zeitung *La Nazione* veranlassten Mitarbeiter hinaus aufs Dach zu gehen, wo sie die unbekannten Objekte entdeckten.

Die Sache wurde noch rätselhafter, da die flauschigen weißen Fäden, die aus dem Flugobjekt über dem Stadion herabfielen, verdampften, kurz nachdem sie den Boden erreicht hatten. Skeptiker bestanden darauf, dass es sich um Netze wandernder Spinnen handelte, doch Forschern vom Institut für Chemie an der Unversität Florenz gelang es, einen Faden zu analysieren, bevor er sich in Luft auflöste. Sie fanden heraus, dass er Bor, Silizium, Calcium und Magnesium enthielt, von denen die beiden ersten Elemente nicht in Spinnenseide vorkommen. Die vollständige Abfolge der Ereignisse an diesem Tag wurde nie geklärt.

SIEHE AUCH: Die Robozero-Sichtung (1663), Die Sichtungen über der Boiani-Mission (1959), Die Woronescher Nahbegegnung (1989), Die Nahbegegnung an der Ariel School (1994), Die Tinley-Park-Sichtungen (2004), Die Stephenville-Sichtungen (2008)

ZEHNTAUSEND MENSCHEN HABEN ES BEOBACHTET: Im hier abgebildeten Stadio Artemio Franchi hatten sich viele Zuschauer eingefunden, um ein Fußballspiel zu verfolgen.

WHEN PROPHECY FAILS

1954

Während in dieser Zeit Sichtungswellen in Europa stattfanden, konzentrierte sich das Geschehen in der amerikanischen UFO-Szene auf die Kontaktler-Subkultur. Hunderte von Menschen behaupteten, mit außerirdischen Intelligenzen zu sprechen, und Tausende glaubten ihnen und hörten ihren Lehren zu. Einige brachten beeindruckende Philosophie- und Lehrwerke heraus. Und dann war da noch Dorothy Martin.

Martin war das Trancemedium im Zentrum eines Kreises von UFO-Gläubigen in East Lansing, Michigan. Sie glaubte, telepathische Nachrichten von den Wächtern zu erhalten, einer Gruppe Außerirdischer vom Planeten Clarion, die der Menschheit eine apokalyptische Warnung zu übermitteln hätte. Laut Martin kündigten die Wächter ein gewaltiges Erdbeben und eine Springflut an, die die Vereinigten Staaten am 21. Dezember 1954 zerstören und nur diejenigen überleben würden, die an Bord fliegender Untertassen entkommen könnten.

Ein Team von Soziologen der University of Minnesota unter der Leitung von Leon Festinger erfuhr von dieser Ankündigung, woraufhin mehrere Forscher Martins Gruppe infiltrierten, um zu beobachten, was passieren würde, wenn das Ende der Welt nicht eintreten würde. Das Ergebnis war der 1956 veröffentlichte Buchklassiker der amerikanischen Soziologie *When Prophecy Fails*. Festinger und seine Kollegen verwendeten Pseudonyme für Martin und ihre Anhänger, was jedoch die Peinlichkeit der Gruppe kaum verringerte.

Anschließend ging Martin nach Peru, wo sie sich an einem missratenen Versuch beteiligte, ein religiöses Zentrum in den Anden zu gründen. Als sie in die Vereinigten Staaten zurückkehrte, nahm sie den Namen Schwester Thedra an, lebte in Mount Shasta, Kalifornien, und kanalisierte weiterhin Nachrichten von Außerirdischen für eine größtenteils uninteressierte Welt. Später zog sie in das New-Age-Mekka nach Sedona, Arizona, wo sie 1992 starb.

SIEHE AUCH: *Das Buch der Verdammten* (1919), Die Ära der Kontaktler beginnt (1952), Die Giant Rock Convention (1953), Weltkontakttag (1953), *Erinnerungen an die Zukunft* (1968), Die Billy-Meier-Kontakte (1975), *Die Besucher* (1987), *Die Apokalyptischen Reiter* (1991), Die Heaven's-Gate-Selbstmorde (1997)

KONTAKTLER-KULTUR: Eines der größten Werke der Soziologie wurde nach einer Studie verfasst, zu der auch die Infiltration eines Kreises von UFO-Gläubigen gehörte.

WARNING
WARNING
STOP
STOP
STOP
STOP

AREA 51

1955

„Eine der trostlosesten Regionen auf der Erde.“ So beschrieb Leutnant George Montague Wheeler das Gebiet rund um den Groom Lake im südlichen Nevada, das er 1869 und 1871 für die US-Armee erkundete. Das Wort „lake“ lässt die Gegend lebenswerter erscheinen als sie tatsächlich ist. Der Groom Lake ist ein mit Salbeisträuchern bewachsenes trockenes Seebett, das von sechs verschiedenen Klapperschlangenarten bewohnt wird und zu den unwirtlichsten Ecken der Wüste Nevadas zählt.

Das war es, was Kelly Johnson von Lockheeds geheimer Abteilung „Skunk Works“ in die Gegend lockte. Im Frühjahr 1955 wählte er Groom Lake als perfektes Versuchsgelände für das streng geheime Spionageflugzeug U-2, das neueste Projekt der Skunk Works. Hangars, eine lange Startbahn und Mobilheime wurden gebaut, dann absolvierte die U-2 ihre ersten Flüge. Der Luftraum über dem Stützpunkt und die ihn umgebende Wüstenlandschaft waren für alle außer für befugtes Personal gesperrt. Aus Sicherheitsgründen erhielt der Stützpunkt verschiedene Bezeichnungen: für Lockheed-Angestellte war er Paradise Ranch, während die Bauunternehmer, die ihn errichteten, den Namen Watertown Strip benutzten und die Fluglotsen Dreamland. Auf Regierungskarten hieß er schlicht Area 51.

Die U-2 war bei weitem nicht das einzige geheime Flugzeugprojekt, das auf dem Stützpunkt Groom Lake entstand. Die SR-71 Blackbird und eine ganze Flotte von Prototypen für Tarnkappenflugzeuge starteten dort zum ersten Mal. Gut dokumentierten Behauptungen zufolge traf dies auch auf mindestens zwei Flugzeuge zu, die offiziell nicht existieren, die SR-91 Aurora und die TR-3 Black Manta. Als das Interesse an UFOs in der amerikanischen Gesellschaft zunahm, verbreiteten sich Gerüchte, dass Fluggeräte nichtmenschlichen Ursprungs auch im Luftraum rund um Groom Lake gesichtet worden waren. Jahrzehnte nach der Freigabe der U-2 wurden diese Gerüchte zum Blitzableiter für beunruhigende Behauptungen über die Beziehung der US-Regierung zum UFO-Phänomen.

SIEHE AUCH: Die Paul-Bennewitz-Affäre (1982), Die Majetic-12-Dokumente (1984), John Lear und die UFO-Verschwörung (1987), Bob Lazars Enthüllungen (1989), Die Planet-Serpo-Akte (2005)

EINGANG ZU EINEM GEHEIMEN STANDORT: Diese Schranke vor der sagenumwobenen Area 51 auf dem Nellis-Testgelände der US-Luftwaffe in Lincoln County, Nevada, warnt potenzielle Besucher vor dem Betreten.

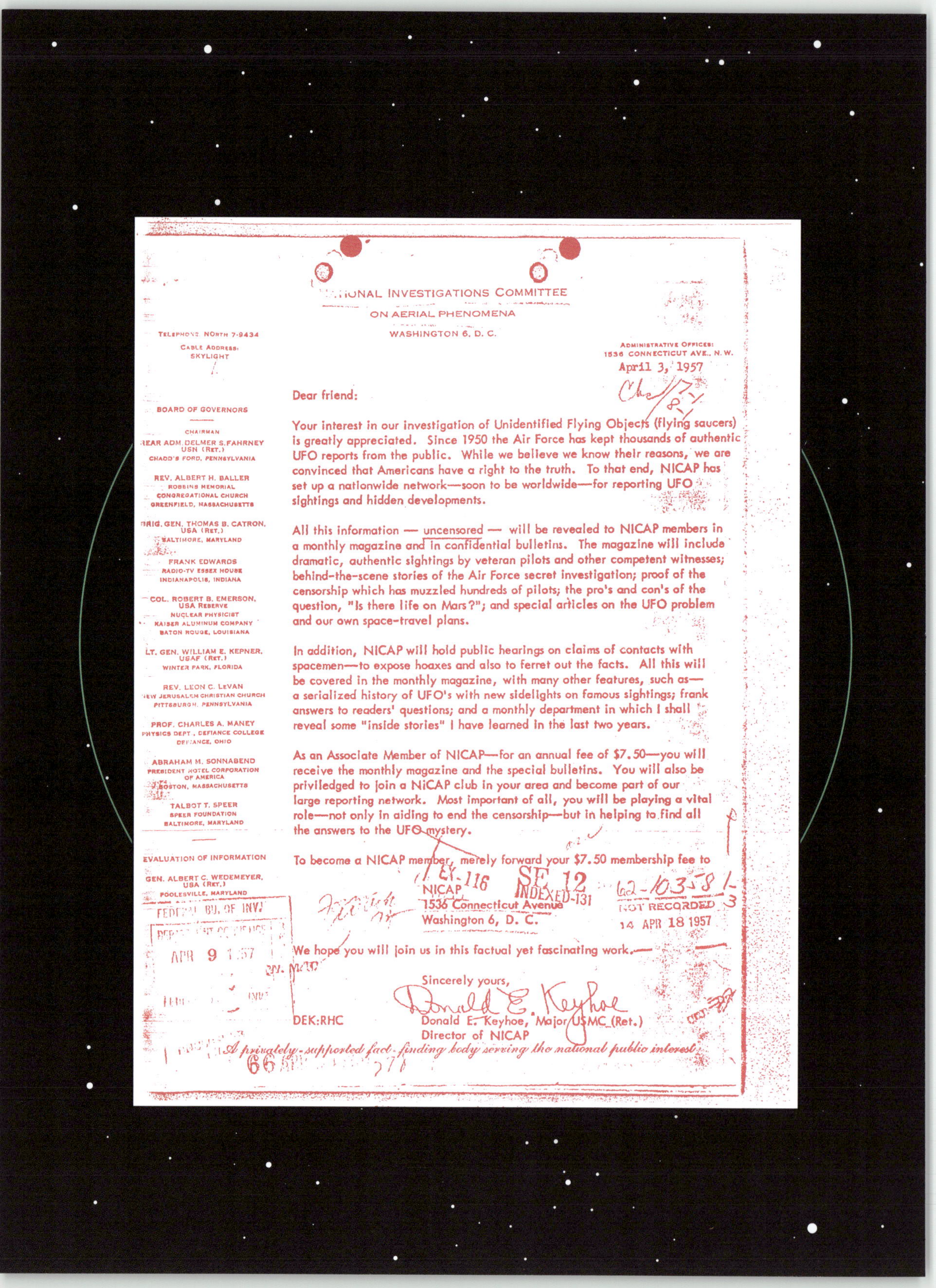

NATIONAL INVESTIGATIONS COMMITTEE
ON AERIAL PHENOMENA
WASHINGTON 6, D. C.

TELEPHONE NORTH 7-9434
CABLE ADDRESS: SKYLIGHT

ADMINISTRATIVE OFFICES:
1536 CONNECTICUT AVE., N. W.

April 3, 1957

Dear friend:

Your interest in our investigation of Unidentified Flying Objects (flying saucers) is greatly appreciated. Since 1950 the Air Force has kept thousands of authentic UFO reports from the public. While we believe we know their reasons, we are convinced that Americans have a right to the truth. To that end, NICAP has set up a nationwide network—soon to be worldwide—for reporting UFO sightings and hidden developments.

All this information — uncensored — will be revealed to NICAP members in a monthly magazine and in confidential bulletins. The magazine will include dramatic, authentic sightings by veteran pilots and other competent witnesses; behind-the-scene stories of the Air Force secret investigation; proof of the censorship which has muzzled hundreds of pilots; the pro's and con's of the question, "Is there life on Mars?"; and special articles on the UFO problem and our own space-travel plans.

In addition, NICAP will hold public hearings on claims of contacts with spacemen—to expose hoaxes and also to ferret out the facts. All this will be covered in the monthly magazine, with many other features, such as—a serialized history of UFO's with new sidelights on famous sightings; frank answers to readers' questions; and a monthly department in which I shall reveal some "inside stories" I have learned in the last two years.

As an Associate Member of NICAP—for an annual fee of $7.50—you will receive the monthly magazine and the special bulletins. You will also be priviledged to join a NiCAP club in your area and become part of our large reporting network. Most important of all, you will be playing a vital role—not only in aiding to end the censorship—but in helping to find all the answers to the UFO mystery.

To become a NICAP member, merely forward your $7.50 membership fee to

NICAP
1536 Connecticut Avenue
Washington 6, D. C.

EX-116 SE 12 INDEXED-131 62-10358-3
NOT RECORDED
14 APR 18 1957

FEDERAL BU. OF INV.
APR 9 1957

We hope you will join us in this factual yet fascinating work.

Sincerely yours,

Donald E. Keyhoe

DEK:RHC

Donald E. Keyhoe, Major USMC (Ret.)
Director of NICAP

A privately-supported fact-finding body serving the national public interest

66

NICAP UNTERSUCHT DAS PHÄNOMEN

1956

Bis 1956 waren die Bemühungen der US-Luftwaffe, UFO-Sichtungen zu entlarven, so offenkundig und ungeschickt, dass selbst innerhalb des US-Militärs und Geheimdienstes viele Menschen überzeugt waren, dass etwas wirklich Seltsames vertuscht wurde. Sobald das Project Blue Book Untersuchungen von UFO-Sichtungen beendet hatte, kamen viele auf die Idee, eine zivile Forschungsorganisation zu gründen, die diese Tätigkeit übernehmen sollte. Zwei solche Organisationen, Alfred K. Benders kurzlebiges International Flying Saucer Bureau (IFSB) und Coral Lorenzens erfolgreichere Aerial Phenomena Research Organization (APRO), waren Vorreiter dieser Alternative, aber die einflussreichste Vereinigung dieser Art war das National Investigations Committee on Aerial Phenomena (NICAP), das am 24. Oktober 1956 von einer Gruppe ziviler Wissenschaftler und hochrangiger pensionierter Militärbeamter gegründet wurde.

Unter der Führung von Major Donald Keyhoe, der 1957 Direktor von NICAP wurde, verfolgte die Organisation eine zweigleisige Strategie. Es ging zunächst darum, in den gesamten Vereinigten Staaten Mitarbeiter zu rekrutieren, um gründliche Felduntersuchungen von UFO-Sichtungen durchzuführen. Darüber hinaus sollten durch Lobbyarbeit im Kongress öffentliche Anhörungen zu UFO-Beweisen durchgesetzt werden. Auf dem Höhepunkt in den frühen 1960er-Jahren hatte die NICAP mehr als vierzehntausend Mitglieder und veröffentlichte eines der klassischen Werke über UFOs, *The UFO Evidence*, das hunderte unerklärter Sichtungen zusammenfasste.

Infolge des Condon-Berichts von 1968 wurde Keyhoe jedoch vom Verwaltungsrat zum Rücktritt gezwungen, in dem, wie sich später herausstellte, mehrere Mitglieder enge Verbindungen zur CIA hatten. Die neue Leitung schloss alle örtlichen und staatlichen Mitgliedergruppen und stellte alle Untersuchungen von UFO-Sichtungen ein. Nur wenige Mitglieder blieben danach noch lange in der Organisation, die sich 1980 endgültig auflöste.

SIEHE AUCH: Coral Lorenzens erste Sichtung (1934)

EIN BERICHT ÜBER UNGEKLÄRTE SICHTUNGEN: Das National Investigations Committee on Aerial Phenomena (NICAP) hatte zwischenzeitlich mehr als vierzehntausend Mitglieder.

They Knew Too Much About Flying Saucers
GRAY BARKER
THE TRUE STORY OF WHAT HAPPENED TO CERTAIN RESEARCHERS AND INVESTIGATORS WHO FOUND OUT WHERE THE SAUCERS COME FROM

DIE MÄNNER IN SCHWARZ

1956

Gray Barker, ein langjähriger UFO-Schriftsteller, war eine Anomalie in seinem Bereich wahrer Gläubiger und humorloser Skeptiker. Während er die meisten paranormalen Geschichten bezweifelte, war er fasziniert davon und nicht abgeneigt, reißerische Details hinzuzufügen, um eine gute Geschichte zu schreiben, oder sich an regelrechten Fälschungen zu beteiligen, wenn sich die Gelegenheit bot. Der in West Virginia geborene Barker hörte vom Flatwoods-Monster, als es noch eine lokale Nachricht war, und verfasste regelmäßig Beiträge für Albert K. Benders *Space Review*, bevor Bender sie plötzlich einstellte.

Benders Erzählung der drei Männer in Schwarz, die ihm befahlen, Untersuchungen über fliegende Untertassen zu beenden, fesselte Barker, der einige andere Berichte über scheinbar offizielle Gestalten kannte, die auftauchten, um Zeugen zu warnen, über UFOs zu sprechen. 1956 dienten ihm diese Geschichten als Grundlage eines unterhaltsamen und reißerischen Buches mit dem Titel *They Knew Too Much About Flying Saucers*, in dem er die Idee der Männer in Schwarz in die kollektive Vorstellungswelt der UFO-Forschungsgemeinschaft einführte.

Laut Barker reisten die Männer in Schwarz zu dritt, trugen schwarze Anzüge und fuhren dicke schwarze Limousinen, meistens Cadillacs. Sie erschienen ohne Vorwarnung und versuchten, Zeugen und Forscher gleichermaßen einzuschüchtern, damit sie über UFO-Aktivitäten schwiegen. In einem später von Barker und Bender gemeinsam verfassten Buch mit dem Titel *Flying Saucers and the Three Men* argumentierten sie, dass es dafür gute Gründe gab, waren die Männer in Schwarz doch selbst Außerirdische.

Was Barker offenbar als Scherz gemeint hatte, nahm in den folgenden Jahren jedoch unerwartet ernste Züge an, als UFO-Zeugen auf Männer in Schwarz trafen, die mit denen in Barkers Buch identisch waren. Ob die US-Luftwaffe oder eine andere Regierungsbehörde Barkers Scherz aus Eigeninteresse mitgemacht hat oder ob etwas noch Seltsameres vorging, bleibt eine offene Frage.

SIEHE AUCH: Weltkontakttag (1953), Mothman! (1966), Die Ära der hohen Fremdartigkeit (1969)

SIE WUSSTEN ZU VIEL: Barkers klassisches Buch schürte das Feuer des Misstrauens gegenüber Regierungsbeamten, die eingesetzt wurden, um diejenigen einzuschüchtern, die Sichtungen meldeten.

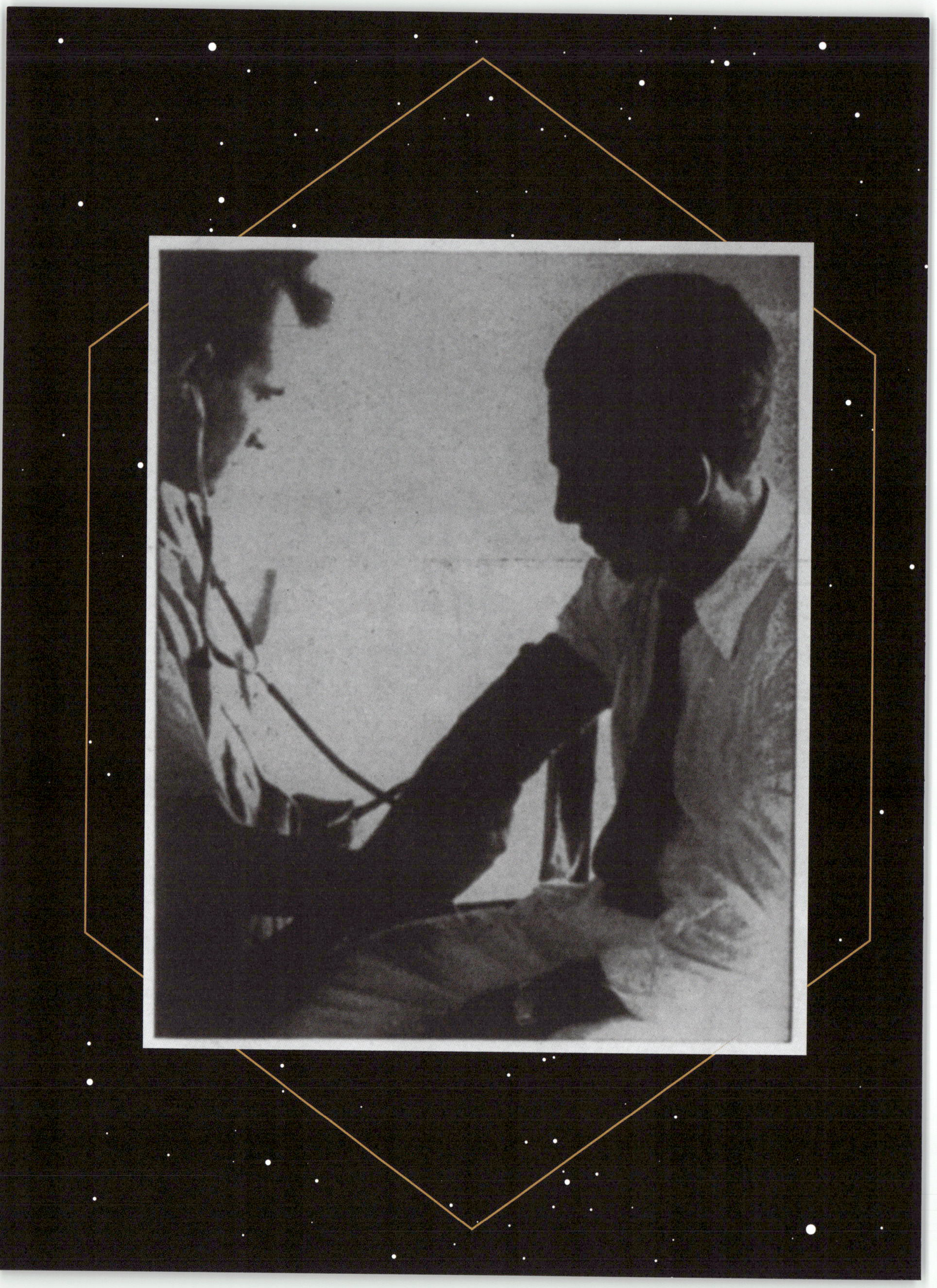

DIE ENTFÜHRUNG VON A. VILAS-BOAS

1957

Antônio Vilas-Boas war ein brasilianischer Bauer, der in der Nähe von São Francisco de Sales im Bundesstaat Minas Gerais lebte. Wie die meisten Bauern in der Gegend arbeitete er nachts, um der Hitze des Tages zu entgehen. Deshalb war er in der Nacht des 15. Oktober 1957 zum Pflügen draußen auf dem Feld, als er hoch am Himmel ein rotes Licht entdeckte. Das Licht senkte sich, und nach einigen Minuten sah er, dass es ein eiförmiges Fahrzeug war, das seine Landebeine auf den Boden setzte. Vilas-Boas geriet in Panik und versuchte, mit seinem Traktor wegzufahren, aber der Motor und die Beleuchtung fielen aus.

Daraufhin versuchte er zu Fuß zu entkommen, wurde aber gepackt und auf den Boden gerungen von vier anderthalb Meter großen menschenähnlichen Wesen, die graue Overalls und Helme trugen und in bellenden sowie kläffenden Lauten sprachen. Sie zerrten ihn in ihr Fahrzeug, entkleideten ihn, verteilten Gel auf seiner Haut, entnahmen ihm eine Blutprobe und setzten ihn einem Gas aus, das ihn krank machte. Dann betrat ein anderes der Wesen den Raum: eine Frau, völlig nackt, die ihn verführte. Anschließend lächelte sie ihn an, rieb sich den Bauch und zeigte nach oben in den Himmel.

Man gab ihm seine Kleidung zurück, führte ihn im Raumschiff herum und brachte ihn zurück zum Traktor, wo er zusah, wie es abhob und im Nachthimmel verschwand. In den folgenden Tagen litt er unter Übelkeit und Schwäche. Als seine Geschichte die Aufmerksamkeit von UFO-Forschern erregte, wurde er von einem Facharzt namens Dr. Olavo Fontes untersucht, der zu dem Ergebnis kam, dass Vilas-Boas an einer leichten Strahlenkrankheit leide.

Die Vilas-Boas-Begegnung war eine der ersten Entführungen, die in der UFO-Literatur große Beachtung erfuhr, und zudem einer der ersten berichteten Fälle von sexuellem Kontakt zwischen UFO-Insassen und Menschen. Beides wurde in den folgenden Jahren immer häufiger.

SIEHE AUCH: Die Entführung von Barney und Betty Hill (1961), Die Hickson-Parker-Entführung (1973), Die Emilcin-Entführung (1978), Die Zanfretta-Begegnung (1978), Die Begegnung der Familie Knowles (1988), Die Entführung der Cahills (1993)

BESUCHER AUS EINEM EIFÖRMIGEN FAHRZEUG: Der brasilianische Bauer Antônio Vilas-Boas, der nachts während der Feldarbeit entführt wurde, unterzieht sich auf diesem Foto von 1957 einer medizinischen Untersuchung durch einen Arzt.

DIE SICHTUNGEN ÜBER DER BOIANI-MISSION

1959

Papua-Neuguinea ist sehr weit entfernt von den Regionen, die in den 1950er-Jahren am häufigsten von UFOs heimgesucht wurden, aber eine der dramatischsten Sichtungen fand dort statt. Am 26. Juni um 18:02 Uhr bemerkte Pater William Gill, ein anglikanischer Missionar, der damals an der Nordküste Neuguinea-Papuas lebte, ein helles weißes Licht am Nordwesthimmel über dem Meer. Da es sich der Mission zu nähern schien, rief er die anderen auf, sich die Erscheinung anzusehen. Eine Menge von achtunddreißig Menschen versammelte sich draußen vor der Mission und beobachtete die Annäherung des Objekts.

Gill und die anderen Zeugen beschrieben es als ein großes, hell erleuchtetes scheibenförmiges Objekt mit vier ausziehbaren Beinen an der Unterseite und vier Fenstern an der den Betrachtern zugewandten Seite. Es flog in etwa neunzig Metern Höhe über dem Meer und kam allmählich in der Luft zum Stillstand. In regelmäßigen Abständen schoss ein blauer Lichtstrahl schräg nach oben in die Wolken. Anschließend kamen vier scheinbar menschliche Gestalten auf der Scheibenoberseite heraus und beschäftigten sich mit etwas. Nach fünfundzwanzig Minuten stieg das Objekt hoch in die Wolken und war nicht mehr zu sehen.

Am nächsten Tag um 18:00 Uhr wiederholte sich erstaunlicherweise die gleiche Abfolge der Ereignisse. Dieses Mal winkten Gill und andere Zeugen mit den Armen, und die Gestalten oben auf der Scheibe winkten zurück. Gill forderte sie auf, zu landen, aber kurz darauf gingen die Insassen wieder zurück in das Fluggerät. Es schwebte noch mehr als eine Stunde in der Luft, doch dann zogen schwere Wolken auf und das Objekt verschwand aus dem Blickfeld.

Gills Bericht löste in Australien einen Medienrummel aus und führte zu Nachfragen im australischen Parlament. Die Royal Australian Air Force untersuchte den Vorfall pro forma und behauptete, dass Gill und die anderen Zeugen die Planeten Jupiter, Saturn und Mars gesehen hätten.

SIEHE AUCH: Die Robozero-Sichtung (1663), Sichtung über dem Stadio Artemio Franchi (1954), Die Sichtung an der Westall School (1966), Die Woronescher Nahbegegnung (1989), Die Nahbegegnung an der Ariel School (1994), Die Tinley-Park-Sichtungen (2004)

SONNENUNTERGANG ÜBER PAPUA-NEUGUINEA: Obwohl die Insel nicht viele Vorfälle möglicher Kontakte verzeichnete, haben sich die Sichtungen über der Boiani-Mission doch einen Platz im Pantheon der Orte verdient, die Außerirdische besucht haben.

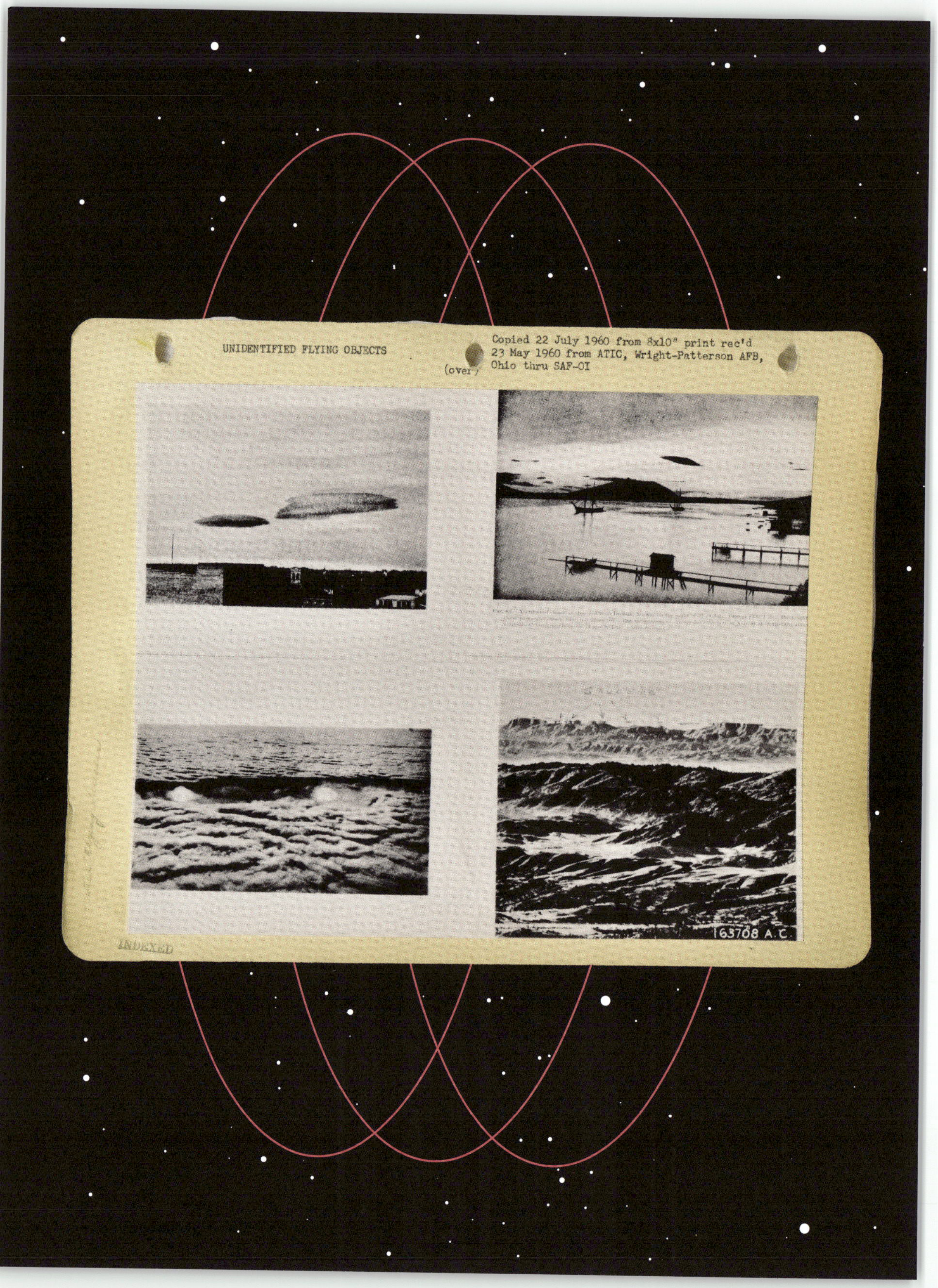
UNIDENTIFIED FLYING OBJECTS
(over)
Copied 22 July 1960 from 8x10" print rec'd
23 May 1960 from ATIC, Wright-Patterson AFB,
Ohio thru SAF-OI
163708 A.C.
INDEXED

DIE CRESSY-ZIGARRE

1960

Das UFO-Phänomen verbreitete sich in den 1960er-Jahren auf der ganzen Welt. Ein großer Anteil der wichtigen Sichtungen entfiel in der Folgezeit auf Australien, und Tasmanien, die große dreieckige Insel vor dem südöstlichen Festland Australiens, war ein besonderer Hotspot. Eine der bemerkenswertesten und bekanntesten der vielen Sichtungen war die „Cressy-Zigarre".

Cressy ist eine Kleinstadt in der Nord-Mitte Tasmaniens. Um 18:10 Uhr am Abend des 4. Oktober 1960 waren der Pastor der dortigen Church of England, Reverend Lionel Browning, und seine Frau zu Hause, wo sie einen Regenbogen beobachteten. Mrs. Browning lenkte die Aufmerksamkeit ihres Mannes auf ein Objekt von etwa dreißig Metern Länge, das gerade aus den Wolken aufgetaucht war. Es hatte eine matte, metallisch graue Farbe und schien so etwas wie Antennen zu besitzen, die aus der Vorderseite herausragten. Es bewegte sich mit einer Geschwindigkeit zwischen einhundert und einhundertzehn Kilometern pro Stunde in nördlicher Richtung und blieb etwa einhundertzwanzig Meter über dem Boden.

Nachdem das Objekt etwa eine Minute zu sehen war, stoppte es, und sechs kleine untertassenförmige Objekte, die aus glänzendem Metall zu bestehen schienen, kamen aus den Wolken und positionierten sich in einem Abstand von achthundert Metern um das Objekt. Einige Sekunden später flogen die Zigarre und die Untertassen südwärts und eine Minute danach verschwanden sie wieder in den Wolken. Keiner der beiden Zeugen bemerkte irgendwelche ungewöhnlichen Geräusche während der Sichtungsdauer.

Reverend Browning meldete die Sichtung an den Kontrollturm von Launceston, dem nächstgelegenen Flughafen, und gab später einen Bericht an die örtliche Zeitung. UFO-Forscher in Tasmanien und anderswo befragten die beiden Brownings, was auch Offiziere der Royal Australian Air Force (RAAF) taten, die einen Bericht erstellten, in dem sie behaupteten, die Brownings hätten Mondlicht gesehen, in dem sich Wolken spiegelten. Weder die Brownings noch sonst jemand, der sie kannte, hielten dies für wahrscheinlich.

SIEHE AUCH: Der Exeter-Vorfall (1965), Die Sichtung an der Westall School (1966), Die Alderney-Sichtung (2007)

METEOROLOGISCH ODER MEHR? Diese Fotos aus dem Jahr 1960 zeigen (von oben links) Linsenwolken, leuchtende Nachtwolken, Nebensonnen (Parhelia) und Luftspiegelungen, die häufig mit „fliegenden Untertassen" verwechselt werden.

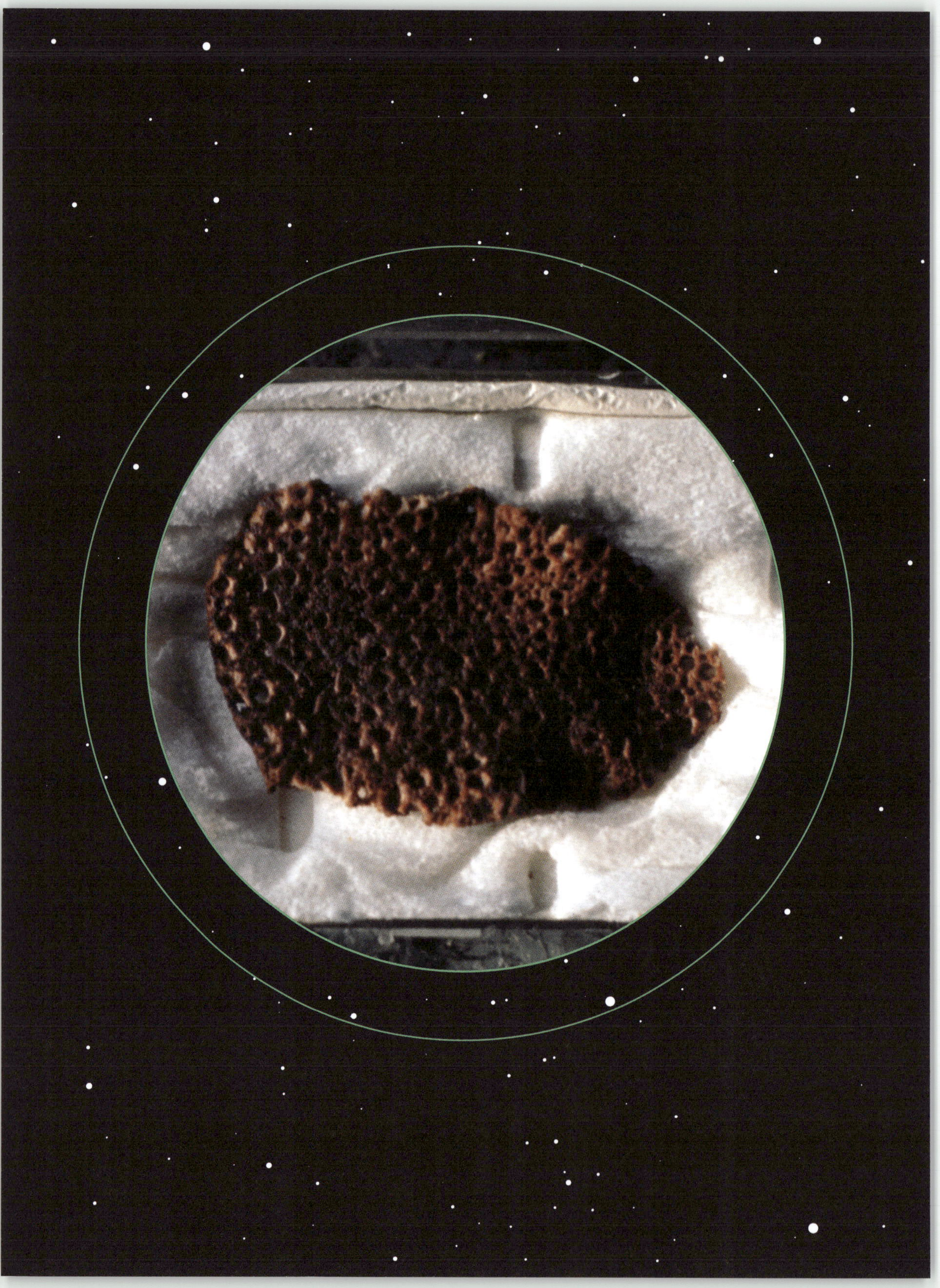

PFANNKUCHEN AUS DEM ALL?

1961

Neben den eher routinemäßigen Arten von UFO-Sichtungen wie Lichter und Scheiben, die am Himmel erscheinen, oder Begegnungen mit Wesen, die mit einem gelandeten Raumschiff in Verbindung gebracht werden, gibt es auch solche, die sich nur schwer in eine Kategorie einordnen lassen. Diese Fälle „hoher Fremdartigkeit" spielten in den 1960er-Jahren eine immer wichtigere Rolle in den UFO-Erfahrungen. Eine der merkwürdigsten machte Joe Simonton, der berichtete, er habe drei Pfannkuchen erhalten, die an Bord einer fliegenden Untertasse gebacken worden seien.

Simonton war ein sechzigjähriger Hühnerzüchter, der in der Nähe von Eagle River, Wisconsin, lebte. Gegen 11:00 Uhr am 18. April 1961 hörte er draußen ein sonderbares Geräusch und schaute nach. In seinem Hof war eine dreieinhalb Meter hohe silberne Scheibe mit einem Durchmesser von neun Metern, die über dem Boden schwebte. In der Untertasse öffnete sich eine Luke, aus der sich drei etwa anderthalb Meter große Insassen erhoben, die Gewänder mit Rollkragen und Strickhelme trugen.

Einer der Insassen hielt einen Krug hoch und gab Simonton ein Zeichen, diesen zu füllen. Der verblüffte Farmer ging ins Haus, befüllte den Krug mit Wasser und lief zurück. Als er zurückgekehrt war, sah er einen der Männer Pfannkuchen auf dem Grill zubereiten. Als Gegenleistung für das Wasser überreichte man ihm drei der Pfannkuchen mit einem Durchmesser von etwa fünfundzwanzig Zentimetern und kleinen Löchern. Anschließend schloss sich die Luke, das Raumschiff stieg geräuschlos etwa sechs Meter hoch und flog in südlicher Richtung davon.

Der örtliche Sheriff und der UFO-Ermittler J. Allen Hynek berichteten beide, dass Simonton offenkundig die Echtheit seines Erlebnisses glaubte. Einer der Pfannkuchen wurde auf Anfrage der Luftwaffe in einem Labor der US-Regierung analysiert. Er bestand aus irdischen Zutaten – Weizen, Buchweizen, Soja und hydriertem Fett – enthielt aber kein Salz: eine sonderbare Parallele zu den traditionellen Feenmärchen, die besagen, dass Speisen in Verbindung mit Elfen salzarm sind.

SIEHE AUCH: Besucher aus Magonia (815), Die Cussac-Nahbegegnung (1967), Die Ära der hohen Fremdartigkeit (1969)

INTERSTELLARES PFANNKUCHENHAUS: War dieser leckere Frühstücksgenuss ein Geschenk außerirdischer Besucher?

New Hampshire UFO Chiller

DIE ENTFÜHRUNG VON BARNEY UND BETTY HILL

1961

Der US Highway 3 verläuft durch die bergige Mitte von New Hampshire. Dort befanden sich Barney und Betty Hill in der Nacht des 19. September 1961 auf ihrer Heimreise von ihrem kanadischen Urlaubsort nach Portsmouth, New Hampshire. Um 22:30 Uhr sichteten die beiden etwas südlich von Lancaster, New Hampshire, einen hellen Lichtpunkt am Himmel, der vor dem Hintergrund der Sterne dahinzog. Sie legten eine kurze Pause auf einer Raststätte ein, dann fuhren sie weiter. Das Licht schien sich auf sie zuzubewegen und wurde zur glühenden Scheibe mit Fenstern. Schließlich schwebte es über der Straße vor ihnen.

Barney, der den Wagen steuerte, hielt an und stieg aus. Er sah durch die Fenster menschenähnliche Gestalten. Dann, soweit er sich erinnern konnte, ging er zurück zum Auto und setzte die Fahrt fort. Die Hills kamen früh im Morgengrauen zu Hause an, drei Stunden später als sie erwartet hatten. Ihre Uhren waren stehengeblieben und ihre Kleidung und Schuhe waren abgenutzt. Dann hatte Betty seltsame Träume, gefangengenommen und von grauhäutigen Humanoiden untersucht zu werden, weshalb sich beide in ärztliche Behandlung begaben.

Als sie vom medizinischen Hypnotiseur Benjamin Simon hypnotisiert wurden, kam eine merkwürdige Geschichte heraus. Die beiden Hills beschrieben, dass sie gezwungen wurden, in den Wald zu fahren, und dann mussten sie anhalten und wurden an Bord einer fliegenden Untertasse gebracht, wo man sie medizinisch untersuchte. Ihre Darstellungen stimmten bis auf einige Einzelheiten im Wesentlichen überein, nur Betty erinnerte sich auch noch daran, dass ihr ein Diagramm gezeigt wurde, das sie als Sternkarte interpretierte; eine Ermittlerin, Marjorie Fish, schlug vor, dass die Karte Besucher zum Doppelsternsystem Zeta Reticuli führen würde, das 39 Lichtjahre von der Erde entfernt ist.

Dies wurde von Skeptikern wie jedes Detail des Falles infrage gestellt. Dennoch ist die Begegnung von Barney und Betty Hill der bekannteste aller UFO-Entführungsfälle geworden und spielte eine große Rolle in der Formung des UFO-Narrativs.

SIEHE AUCH: Die Entführung von A. Vilas-Boas (1957), Die Hickson-Parker-Entführung (1973), Die Emilcin-Entführung (1978), Die Zanfretta-Begegnung (1978), Die Begegnung der Familie Knowles (1988), Die Entführung der Cahills (1993)

DER ZETA-RETICULI-VORFALL: Betty und Barney Hill, die hier mit dem Artikel über die Entführung abgebildet sind, haben die Grundlage für zukünftige UFO-Erzählungen geschaffen.

DIE SOCORRO-LANDUNG

1964

Dionicio „Lonnie" Zamora war ein Polizeibeamter in Socorro, New Mexico. Gegen 17:45 Uhr am 24. April 1964 verfolgte er einen Raser südlich von Socorro, als er ein Dröhnen hörte und eine Flamme in einiger Entfernung von der Straße sah. Da er befürchtete, dass eine Dynamithütte in der Nähe explodiert sein könnte, brach er die Verfolgung ab, fuhr zum Ort der offensichtlichen Explosion und bat die Polizeidienststelle um Unterstützung.

Ein Sonnenlichtschimmer auf Metall erregte seine Aufmerksamkeit, und er fuhr hindurch, wobei er zunächst an ein umgestürztes Auto dachte und dann an einen Wetterballon. Als er näher kam, entdeckte er ein eiförmiges metallisches Objekt, das die Farbe von Aluminium hatte und auf vier ausziehbaren Beinen ruhte. Zwei Gestalten in Overalls standen in der Nähe des Objekts, kletterten aber sofort ins Innere, als Zamora sich auf sie zubewegte. Er hörte ein dröhnendes Geräusch und sah eine blaue und orangefarbene Flamme unter dem Objekt, das in die Luft stieg und sich mit hoher Geschwindigkeit entfernte. Kurz darauf trafen weitere Polizeibeamten ein. Als sie den Ort des Geschehens erreichten, fanden sie schwelendes Gestrüpp und Gras dort, wo laut Zamora das Objekt abgehoben hatte.

Die offenkundige Landung wurde von UFO-Forschern ebenso wie von US-Luftwaffenoffizieren des Projekts Blue Book untersucht, das den Fall als „unbekannt" einstufte. US-Medien behandelten den Vorfall ausführlich. Ein Skeptiker namens Steuart Campbell hätte vielleicht den Preis für den absurdesten Erklärungsversuch verdient, indem er behauptete, die Sichtung sei „ziemlich sicher" die Luftspiegelung des Sternes Canopus gewesen (der natürlich bei Tageslicht nicht sichtbar ist). Eine weniger unwahrscheinliche Theorie zirkulierte unter UFO-Forschern, die vermuteten, dass Zamora den Test einer Reihe verschiedener geheimer US-Objekte von der nahegelegenen White Sands Missile Range beobachtet habe. Die Socorro-Begegnung bleibt dennoch bis heute ungeklärt

SIEHE AUCH: Die Marius-Dewilde-Begegnung (1954), Das Geheimnis der geraden Linien (1954), Die Nahbegegnung am Dechmont Law(1979), Die Woronescher Nahbegegnung (1989)

EIN SONNENLICHTSCHIMMER AUF METALL: Die in dieser Abbildung dargestellte Socorro-Begegnung bleibt bis heute ungeklärt.

DER EXETER-VORFALL

1965

Eine der am besten dokumentierten und am häufigsten veröffentlichten aller UFO-Sichtungen waren die Exeter-Sichtungen, die am frühen Morgen des 3. September 1965 begannen. Der achtzehnjährige Norman Muscarello war auf dem Heimweg nach Exeter, New Hampshire, nachdem er eine Freundin in einer Nachbarstadt besucht hatte. Er befand sich einige Kilometer von Exeter entfernt auf der Route 150, als er fünf rote Lichtblitze über ihm wahrnahm. Als er näher kam, realisierte er, dass sie auf einer untertassenartigen Form mit einem Durchmesser von 25 bis 28 Metern angebracht waren, die in der Luft über Bäumen in der Nähe von zwei Bauernhäusern schwebte. Nach einiger Zeit bewegte sie sich über einem Haus in Richtung eines nahegelegenen Waldgebietes.

Voller Panik hielt Muscarello ein Auto an und wurde zur Polizeistation in Exeter gefahren. Ein diensthabender Polizeibeamter, Eugene Bertrand, hatte bereits einen anderen Zeugen befragt, der das gleiche Fluggerät früher in der Nacht gesehen hatte. Bertrand brachte Muscarello zurück zum Ort des Geschehens. Als sie aus dem Polizeifahrzeug ausgestiegen waren und in Richtung des Waldgebietes gingen, stieg dasselbe Objekt zwischen den Bäumen auf. Bertrand bat telefonisch um Unterstützung, und ein zweiter Beamter, David Hunt, kam dazu und bezeugte das gleiche Objekt. Die drei Zeugen beobachteten das Fluggerät, bis es außer Sicht war. Weitere Zeugen berichteten der Polizei von ähnlichen fliegenden Objekten in dieser Nacht.

Die Sichtung wurde durch die US-Nachrichtenmedien landesweit bekannt und Thema eines berühmten Buchs von John Fuller mit dem Titel *Incident at Exeter*. Skeptiker und Luftwaffenbeamte behaupteten, dass die Zeugen ein Luftfahrzeug der nahegelegenen Pease Air Force Base gesehen hätten, allerdings waren die Zeugen mit Luftwaffenflügen der Basis vertraut und beharrten darauf, dass was sie erblickt hatten, vollkommen anders war. Die daraus resultierende Kontroverse änderte nichts daran, dass Gläubige sich nicht von einer Vertuschung durch die Luftwaffe abbringen ließen.

SIEHE AUCH: Die Cressy-Zigarre (1960), Der Sumpfgasvorfall (1966), Die Cash-Landrum-Begegnung (1980), Die Stephenville-Sichtungen (2008)

VORFALL IN EXETER: Die in dieser Abbildung dargestellte Geschichte von Norman Muscarellos Entführung durch Außerirdische bildete die Grundlage für einen Buch-Bestseller, der es bis in die Bestsellerliste der *New York Times* schaffte.

DER KECKSBURG-ABSTURZ

1965

Der Abend des 9. Dezember 1965 nahm eine unerwartet dramatische Wendung in Michigan und Ontario, als um 16:43 Uhr ein heller Feuerball aus dem nordöstlichen Himmel über Detroit und Windsor schoss, zwei durch eine nationale Grenze und einen Fluss getrennte Städte. Hunderte von Zeugen einschließlich dreiundzwanzig Flugpiloten beobachteten den Feuerball, als er den Himmel überquerte und sich südwärts bewegte. Zeugen in Pittsburgh berichteten einige Minuten später von einem Überschallknall. In der Stadt Kecksburg, Pennsylvania, sahen die Einheimischen ein Objekt vom Himmel in die nahegelegenen Wälder stürzen, während andere den Aufprall hörten.

Anwohner gingen der Sache nach und erzählten, sie hätten ein eichelförmiges Objekt von der Größe eines Kleinwagens erblickt, das außen mit Hieroglyphen beschriftet war. Kurz darauf riegelten Beamte der Staatspolizei die Absturzstelle ab, worauf Luftwaffenangehörige erschienen, um den Vorfall zu untersuchen. Am nächsten Tag behaupteten die Behörden, nichts an der Stelle gefunden zu haben, aber John Hays, ein Einwohner von Kecksburg, sagte, er habe beobachtet, wie ein Tieflader der Armee ein Objekt von der Größe eines Autos unter einer Plane abtransportiert habe.

Die offizielle Lesart der Regierungsstellen während der folgenden vier Jahrzehnte war, dass der Feuerball ein gewöhnlicher Meteor gewesen sei und der Kecksburg-Absturz überhaupt nicht stattgefunden habe. 2005 gaben Beamte der NASA jedoch eine Stellungnahme heraus, in der behauptet wurde, die am Fundort sichergestellten Metalbruchstücke bewiesen, dass ein russischer Satellit dort abgestürzt sei, allerdings seien irgendwie sämtliche NASA-Dokumente verloren gegangen. Weitere Nachforschungen und Anfragen gemäß dem Informationsfreiheitsgesetz haben bislang keine neuen Erkenntnisse ergeben. Außerhalb des inneren Kreises der US-Regierung bleibt der Kecksburg-Vorfall mysteriös.

SIEHE AUCH: DerAurora-Absturz (1897), Das Tunguska-Ereignis (1908), Der Roswell-Absturz (1947), Der Shag-Harbour-Absturz (1967), Die Landung im Rendlesham Forest (1980), Der Megaplatanos-Absturz (1990), Die Varginha-Nahbegegnungen (1996)

DIE WELTRAUM-EICHEL: Die hier abgebildete gewaltige Skulptur ist eine Nachbildung des ursprünglichen unidentifizierten Objekts, das für die TV-Serie *Unsolved Mysteries* geschaffen wurde und dann in Kecksburg zur Freude von Besuchern zurückgelassen wurde.

DIE KORNKREISE IN TULLY

1966

Das Örtchen Tully liegt im äußersten Norden des australischen Bundesstaates Queensland. Nicht weit entfernt erstreckt sich unweit des noch kleineren Örtchens Euramo das Gebiet der Horseshoe Lagoon. Dort war George Pedley am Morgen des 19. Januar 1966 auf seinem Traktor unterwegs, als er plötzlich ein zischendes Geräusch hörte. Da er dachte, einer der Reifen sei geplatzt, hielt er an. Im selben Augenblick stieg aus dem Schilf eines nahen Sumpfgebiets ein scheibenförmiges Objekt von knapp zehn Metern Breite auf. Es flog ein kurzes Stück und verschwand anschließend in einer blauen Dampfwolke.

Als er sich von seinem Schrecken erholt hatte, sah Pedley nach. Er stellte fest, dass das Schilf an der Landestelle in einer perfekten Kreisform flachgedrückt und im Uhrzeigersinn verwirbelt war. Noch am selben Tag zeigte er sie dem Grundstückseigentümer Albert Pennisi. Dieser watete in den Sumpf hinein und entdeckte, dass das Schilf nicht niedergedrückt, sondern mitsamt den Wurzeln ausgerissen und zu einer verfilzten, kreisförmigen Masse zusammengedrückt worden war. Ganz in der Nähe entdeckten Pennisi und Pedley zudem eine rechteckige Fläche, auf der Teile des Schilfbewuchses verschwunden waren.

Als sich die Nachricht verbreitete, trafen Schaulustige ein. Weitere Farmer in der Umgebung begannen, ihre Felder zu durchsuchen. Fünf weitere „Nester“ wurden entdeckt. Es kamen Reporter, um Nachforschungen anzustellen, ebenso wie Offiziere der Royal Australian Air Force. Diese beharrten darauf, dass die „Nester“ von einem Naturphänomen wie etwa einer Wirbelhose verursacht worden seien. Weitere Ermittler stellten fest, dass in der Gegend seit mehreren Jahren bereits „Nester“ unbekannter Herkunft entdeckt worden waren. All dies weckte die Aufmerksamkeit von UFO-Forschern. Die eigentliche Bedeutung offenbarte sich allerdings erst mit dem Auftreten ähnlicher Kreise auf der anderen Seite des Globus – mit der ersten Welle der Kornkreise in England.

SIEHE AUCH: Der Mähteufel (1678), Bekenntnis der Kornkreismacher (1991)

DAS GEHEIMNIS DER KORNKREISE: Kornkreise wurden mit außerirdischen Flugobjekten in Verbindung gebracht. Seit Langem schon schreibt man ihre Entstehung natürlichen Phänomenen zu, doch es bleiben Fragen offen.

DIE SICHTUNG AN DER WESTALL SCHOOL

1966

Die Westall School war eine gewöhnliche australische Schule in Clayton South, einem Vorort von Melbourne. Am Morgen des 6. April 1966 befanden sich gegen 11 Uhr etwa 300 Schüler unter Aufsicht des Lehrpersonals auf dem Pausenhof. Der übliche Schulhoflärm verstummte schlagartig, als ein scheibenförmiges, graues oder silbernes Flugobjekt in Sicht kam. Augenzeugen schätzten es auf die doppelte Größe eines Familienautos. Das Objekt sank langsam und geräuschlos herab und landete auf einer angrenzenden Wiese hinter einer Reihe von Kiefern.

Nach 20 Minuten stieg dasselbe Objekt von der Wiese auf und flog mit hoher Geschwindigkeit in Richtung Nordwesten davon. Während es noch zu sehen war, näherten sich fünf nicht gekennzeichnete Flugzeuge und folgten ihm, bis es außer Sichtweite geriet. Einige Schulkinder liefen zu der Wiese. An der Stelle, wo das Objekt gesehen worden war, fanden sie kreisförmig niedergedrücktes Gras vor.

Als die Pause endete, verbot der Direktor den Schülern bei Strafandrohung, über ihre Beobachtungen zu sprechen. Anderen Berichten zufolge gingen in den darauffolgenden Tagen in Anzüge gekleidete Männer durch den Ort und warnten die Bewohner, die Sichtung zu erwähnen. In der Lokalzeitung erschien am nächsten Tag ein Artikel, in dem behauptet wurde, das Flugobjekt sei ein Wetterballon gewesen – doch nur wenige Augenzeugen waren bereit, diese Ansicht zu akzeptieren.

Eine weitere Wendung nahm die Geschichte im Jahr 2005: Damals stieß der Forscher Keith Basterfield auf Aufzeichnungen über geheime Ballonflüge zur Überwachung britischer Atomtests in Maralinga im australischen Outback. Wenn damals ein solcher Ballon vom Kurs abgekommen war, so könnte er auf der Wiese in Clayton South gelandet und dann wieder aufgestiegen sein. Diese Vermutung bleibt jedoch eine unbewiesene Hypothese.

SIEHE AUCH: Sichtung über dem Stadio Artemio Franchi (1954), Die Sichtungen über der Boiani-Mission (1959), Der Sumpfgasvorfall (1966), Die Woronescher Nahbegegnung (1989), Die Nahbegegnung an der Ariel School (1994), Die Tinley-Park-Sichtungen (2004)

HOCH AM HIMMEL! Auf dieser Fotografie der UFO-Sichtung an der Westall School schwebt ein unerklärliches Flugobjekt in der Luft, bevor es auf einer angrenzenden Wiese niedergeht.

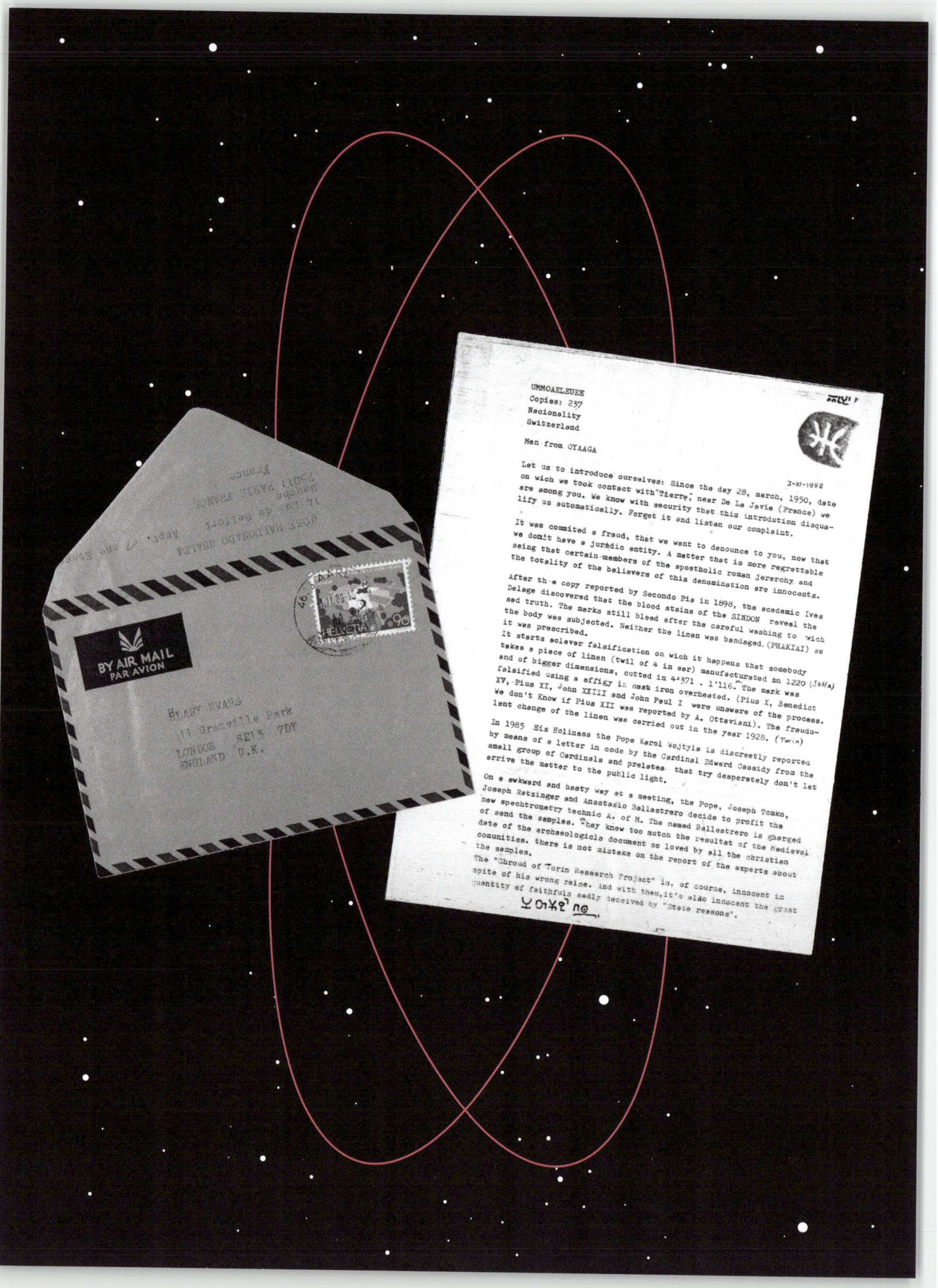

UMMOAELEUEE
Copies: 237
Nacionality
Switzerland

Men from OYAAGA

3-XI-1988

Let us to introduce ourselves: Since the day 28, march, 1950, date on wich we took contact with "Tierre", near De La Javie (France) we are among you. We know with security that this introdution disqualify us automatically. Forget it and listen our complaint.

It was commited a fraud, that we want to denounce to you, now that we don't have a juridic entity. A matter that is more regrettable seing that certain members of the aposthollc roman jerarchy and the totality of the believers of this denomination are innocents.

After the copy reported by Secondo Pia in 1898, the academic Ives Delage discovered that the blood stains of the SINDON reveal the sad truth. The marks still bleed after the careful washing to wich the body was subjected. Neither the linen was bandaged. (PHAKIAI) as it was prescribed.
It starts aclever falsification on wich it happens that somebody takes a piece of linen (twil of 4 in ear) manufacturated in 1220 (Jaffa) and of bigger dimensions, cutted in 4'371 . 1'116. The mark was falsified using a effigy in cast iron overheated. (Pius X, Benedict XV, Pius XI, John XXIII and John Paul I were unaware of the process. We don't Know if Pius XII was reported by A. Ottaviani). The fraudulent change of the linen was carried out in the year 1928. (Turin)

In 1985 His Holiness the Pope Karol Wojtyla is discreetly reported by means of a letter in code by the Cardinal Edward Cassidy from the small group of Cardinals and prelates that try desperately don't let arrive the matter to the public light.

On a awkward and hasty way at a meeting, the Pope, Joseph Tomko, Joseph Ratzinger and Anastasio Ballestrero decide to profit the new spechtrometry technic A. of M. The named Ballestrero is gharged of send the samples. They know too mutch the resultat of the Medieval date of the archaeologicla document so loved by all the christian comunities. there is not mistake on the report of the experts about the samples.
The "Shroud of Turin Research Project" is, of course, innocent in spite of his wrong raise. And with them, it's also innocent the great quantity of faithfuls sadly deceived by "State reasons".

DIE UMMO-AFFÄRE

1966

Die Briefe lagen 1966 in spanischen und französischen Briefkästen. Sie waren unbeholfen getippt, mit dem rätselhaften Emblem)+(versehen und wurden aus aller Welt an Wissenschaftler und UFO-Forscher geschickt. Verfasst wurden sie angeblich von menschenähnlichen Außerirdischen, die unerkannt auf der Erde lebten. Demnach umkreiste ihr Planet Ummo den 14,6 Lichtjahre von der Erde entfernten Stern Iumma, den irdische Wissenschaftler Wolf 424 nennen. Die Außerirdischen hatten die Erde anhand unserer Funksignale entdeckt und eine Expedition entsandt, die am 28. März 1950 nahe der französischen Stadt Digne landete. Die Briefe enthielten fortschrittliche wissenschaftliche Konzepte sowie Informationen über die Kultur und Geschichte von Ummo.

Dies sorgte für Aufsehen unter europäischen UFO-Forschern und Wissenschaftlern. Das Interesse erreichte seinen Höhepunkt am 1. Juni 1967, als es in der Nähe von Madrid offenbar zu einer Nahbegegnung kam. Hiervon verblieben Abdrücke am Boden, merkwürdige Artefakte und scharfe Aufnahmen eines untertassenförmigen Flugobjekts, dessen Unterseite das Ummo-Emblem zierte. Eine eingehende Untersuchung der Fotos ergab jedoch, dass es sich um geschickte Fälschungen handelte, und auch die Artefakte erwiesen sich als menschengemacht.

Die meisten Forscher bewerteten die Ummo-Affäre daraufhin als einen Schwindel, doch erst 1992 kamen die Details ans Licht. Damals gestand der spanische Psychologe José Luis Jordan Peña, den Hoax selbst inszeniert zu haben. Ein Freund hatte die Briefe an entfernte Orte gebracht, um sie von dort zu versenden, und auch die Fotografien und die Landestelle präpariert. Als Vorbild diente – wie der UFO-Forscher Jacques Vallée bereits Jahre zuvor vermutet hatte – eine berühmte Erzählung des argentinischen Schriftstellers José Luis Borges aus dem Jahr 1940. Unter dem Titel „Tlön, Uqbar, Orbis Tertius“ wird darin beschrieben, wie ein ähnlicher Streich außer Kontrolle gerät und sich die Realität nach dem Vorbild der Fiktion umgestaltet. Peñas Schöpfung hatte zwar keine so weltbewegenden Auswirkungen, prägte aber dennoch die Welt der UFO-Forschung.

SIEHE AUCH: Der Mariana-Film (1950), Die Gulf-Breeze-Begegnungen (1987), Der Tic-Tac-Vorfall (2004)

BRIEFE VON UMMO: Die handgetippten Briefe kamen per Post und stammten angeblich von Außerirdischen, die inkognito auf der Erde lebten.

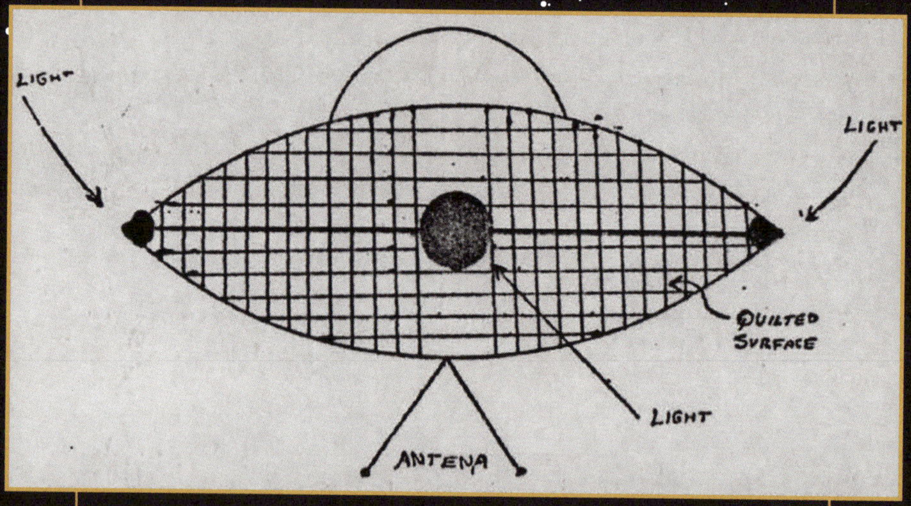
LIGHT
LIGHT
QUILTED SURFACE
LIGHT
ANTENA

DER SUMPFGASVORFALL

1966

Das Spektakel begann in den frühen Morgenstunden des 14. März 1966: Im Westen Michigans meldeten sich Einwohner aus der gesamten Region bei den Polizeidienststellen und beschrieben rot und grün leuchtende Scheiben, die sich mit hoher Geschwindigkeit über den Himmel bewegten. Auch mehrere Polizeibeamte sahen selbst die Scheiben. Diese verschwanden noch vor Sonnenaufgang, kehrten aber am 17. März wieder.

Der 20. März brachte dann ein dramatischeres Ereignis. Als der Farmer Frank Mannor draußen ein helles Licht erblickte, ging er zusammen mit seinem Sohn Ron hinaus und entdeckte ein scheibenförmiges Objekt von der Größe eines Autos. Die Unterseite war flach, die Oberseite gewölbt mit hellen Lichtern. Während die beiden es beobachteten, verschwand das Objekt blitzartig, tauchte in einiger Entfernung wieder auf, wiederholte dies noch einmal und flog dann mit hoher Geschwindigkeit davon. Zwei von Mannor herbeigerufene Polizeibeamte sahen es ebenfalls.

In der darauffolgenden Nacht ereignete sich dasselbe am Hillsdale County College: In einem Studentenwohnheim sahen 17 junge Frauen, wie ein ähnliches Objekt erschien, sich wieder entfernte und anschließend knapp über dem Boden schwebte. Die örtliche Polizei und Vertreter des Zivilschutzes kamen auf ihren Anruf hin und beobachteten das seltsame Objekt.

Im Grunde handelte es sich um eine normale UFO-Sichtung der 1960er-Jahre, doch die US-Luftwaffe machte daraus ein Medienspektakel. Sie entsandte den Astronomen J. Allen Hynek, um der Sache nachzugehen. Er vermutete, dass die Sichtungen der Mannors auf den Austritt von Methangas in einem nahegelegenen Sumpfgebiet zurückzuführen seien. Daraufhin meldeten die Luftwaffe und die nationale Presse umgehend, der gesamte Vorfall sei durch Sumpfgas erklärt worden. Hiermit gab sich die Öffentlichkeit jedoch nicht zufrieden, und es kam zu einer Protestwelle. Dies wiederum veranlasste den Kongressabgeordneten des Bezirks, Gerald R. Ford, Anhörungen im Repräsentantenhaus anzusetzen. Daraus folgte später das Debakel des Condon-Komitees.

SIEHE AUCH: Das Project Blue Book (1952), Die Sichtung an der Westall School (1966), Der Condon-Bericht (1969), Die Nahbegegnung an der Ariel School (1994), Regierungsanhörungen zu UAPs (2023)

ZEICHNUNGEN EINER ERSCHEINUNG: Zahlreiche Personen im Westen Michigans fertigten Zeichnungen von ihren Begegnungen mit seltsamen scheibenförmigen Flugobjekten an.

Maintained
By The
Garden Club

MOTHMAN!

1966

Im Herbst 1966 häuften sich merkwürdige Ereignisse, die in der Umgebung von Point Pleasant in West Virginia auftraten. Geheimnisvolle Lichter bewegten sich über den Nachthimmel oder schwebten über abgeschiedenen Häusern. Reisende auf einsamen Straßen berichteten von Flugobjekten, die bei Tageslicht umherflogen oder nach der Landung grinsende, menschenähnliche Wesen freigaben, die seltsame Fragen stellten und noch seltsamere Geschichten erzählten. Ohne Vorwarnung erschienen auch Männer in Schwarz, die Augenzeugen davor warnten, von ihren Beobachtungen zu berichten. Über ein Jahr lang herrschte ein Zirkus der Merkwürdigkeiten.

Die unheimlichsten Sichtungen konzentrierten sich auf das „TNT-Gebiet", eine verlassene Munitionsfabrik aus dem Zweiten Weltkrieg. Dort wurde eine riesige graue geflügelte Gestalt mit feuerroten Augen gesichtet. Die Anwohner gaben ihr den Namen „Mothman". Skeptiker wiesen darauf hin, dass es sich um einen Kanadakranich handeln müsse, doch konnten Augenzeugen keine Ähnlichkeit zwischen der Vogelart und dem Wesen, das sie gesehen hatten, erkennen.

Als sich zahlreiche UFO-Forscher in der Gegend einfanden und die Sichtungen weiter zunahmen, kamen unter den Einwohnern von Point Pleasant Gerüchte auf, wonach ein schreckliches Ereignis unmittelbar bevorstehe. Sie bestätigten sich, als die über den Ohio River führende Silver Bridge am 15. Dezember 1967 im Berufsverkehr plötzlich zusammenbrach. Dutzende Autos und Trucks stürzten in das eiskalte Wasser. Mit dem tragischen Unglück, das 38 Menschenleben forderte, endeten auch die merkwürdigen Begebenheiten. Point Pleasant ist heute noch ein Mekka für all jene, die sich für das Unerklärliche interessieren. Die kuriosen Ereignisse der Jahre 1966 und 1967 veranlassten die UFO-Forschung dazu, sich auch mit seltsameren Aspekten des Phänomens zu beschäftigen.

SIEHE AUCH: Das Flatwoods-Monster (1952), Die Männer in Schwarz (1956), Die Ära der hohen Fremdartigkeit (1969), Die Nahbegegnung im Ilkley Moor (1987)

MOTHMAN SCHLÄGT ZU! Eine glänzende Statue aus Metall begrüßt die Besucher von Point Pleasant in West Virginia, wo alljährlich ein Mothman-Festival stattfindet.

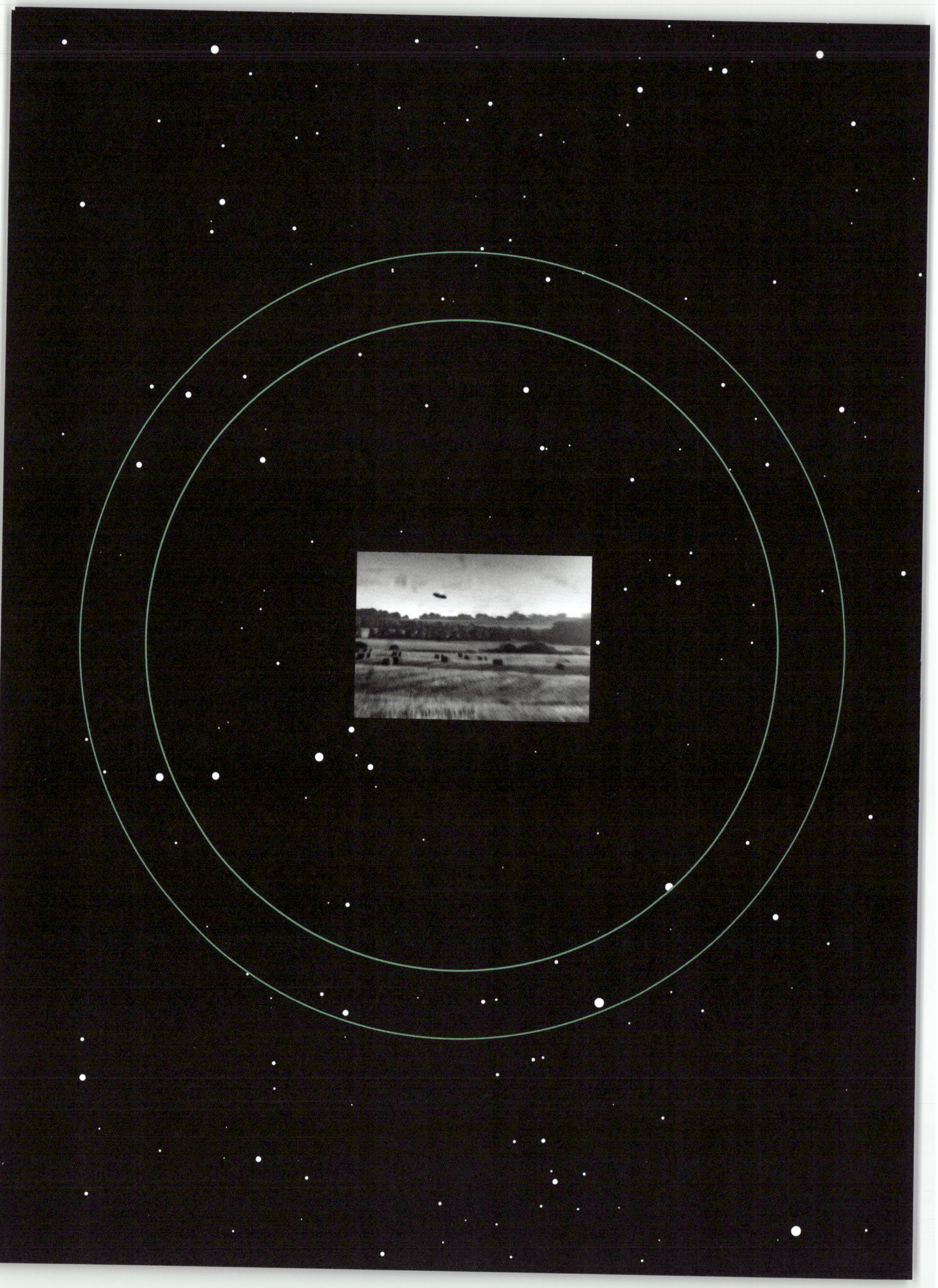

DIE CUSSAC-NAHBEGEGNUNG

1967

Ende der 1960er-Jahre trat in Europa und in den USA eine massive Welle von UFO-Sichtungen und Nahbegegnungen auf. Eine der berühmtesten Sichtungen jener Zeit ereignete sich am 29. August 1967 in der Nähe von Cussac in der französischen Auvergne. Gegen 10:30 Uhr hüteten der dreizehnjährige François Desplechès und seine neunjährige Schwester Anne-Marie zusammen mit ihrem Hund Medor die Kühe der Familie auf der Hochebene von Cantal. Auf einmal entdeckte François vier Wesen, die knapp einen Meter groß waren und sich in einer Entfernung von zehn Metern befanden. Sie waren vollkommen schwarz, ebenso ihre Kleidung, die eine seidenartige Textur aufzuweisen schien. In der Nähe stand eine silbrig glänzende, knapp zwei Meter breite Kugel.

François sprach die Wesen an, weil er sie für Kinder hielt. Als die Gestalten sahen, dass sie bemerkt worden waren, erhoben sie sich nacheinander in die Luft und tauchten von oben in die Kugel hinein. Diese stieg anschließend mit einem zischenden Geräusch auf, kreiste über dem Feld und flog in Richtung Nordwesten davon. Dabei hinterließ sie einen Geruch nach Schwefel. Im selben Augenblick fingen die Kühe an zu brüllen, Medor bellte und wollte die Kugel verfolgen. Die Kinder riefen den Hund zurück, trieben die Kühe nach Hause und berichteten von ihren Beobachtungen.

Forscher von der GEPAN, der französischen Behörde für die Untersuchung von UFOs, befragten die Kinder und stellten fest, dass der Schwefelgeruch im trockenen Gras noch an der Stelle haftete, wo die Kugel gestanden hatte. Hieraus zogen die Forscher keine Schlüsse, doch hätte jeder, der mit dem französischen Volksglauben vertraut ist, die Wesen sofort identifizieren können. Denn seit vielen Jahrhunderten erzählt sich die französische Landbevölkerung Geschichten über koboldähnliche *lutins* oder *farfadets*, die durch die Luft fliegen können und denen ein Geruch nach Schwefel nachgesagt wird. Sichtungen dieser Art trugen im darauffolgenden Jahrzehnt dazu bei, dass auch alternativen Vorstellungen von UFOs Glauben geschenkt wurde.

SIEHE AUCH: Besucher aus Magonia (815), Pfannkuchen aus dem All? (1961), Die Ära der hohen Fremdartigkeit (1969)

EINE SICHTUNG IM LÄNDLICHEN FRANKREICH: Diese unscharfe Fotografie ist ein Beispiel für Aufnahmen, die UFOs über einer idyllischen Landschaft zeigen.

Barrington Catch
Canada
'Secrets of the Sea'
A CANADA 150 LEGACY PROJECT BY
BARRINGTON

DER SHAG-HARBOUR-ABSTURZ

1967

Es war ein ganz normaler Abend auf dem Air-Canada-Flug 305 nach Toronto am 4. Oktober 1967, bis der Erste Offizier Robert Ralph um 19:15 Uhr ein leuchtendes rechteckiges Objekt bemerkte, gefolgt von einer Reihe kleinerer Lichter. Sie waren einige Kilometer entfernt auf der Backbordseite des Flugzeugs zu sehen. Er machte Kapitän Pierre Charbonneau darauf aufmerksam. Während beide die Lichter beobachteten, erschütterte eine Explosion das Flugobjekt. Es ereignete sich noch eine zweite Explosion, bevor das Objekt außer Sichtweite geriet.

Am selben Abend registrierte Kapitän Leo Mersey an Bord des Fischereischiffes MV *Nickerson* vor Sambro in Neuschottland eine Anomalie auf dem Radarschirm. Mit der gesamten Besatzung der *Nickerson* ging er an Deck und entdeckte vier Lichter. Etwa 30 Kilometer entfernt, bewegten sie sich in einer rechteckigen Formation über den nordöstlichen Himmel. Viele weitere Augenzeugen an der Südküste von Neuschottland erblickten das Objekt und meldeten es den Lokalblättern und der Royal Canadian Mounted Police (RCMP).

Gegen 23:20 Uhr hörten Zeugen dann ein pfeifendes Geräusch und beobachteten, wie ein hell leuchtendes Objekt vorbeiflog und vor Shag Harbour auf dem Wasser aufschlug. Mehrere Personen sahen das noch immer leuchtende Objekt im Meer treiben. Augenzeugen, die von einem Flugzeugabsturz ausgingen, meldeten sich bei der RCMP, die sofort zwei Polizisten losschickte. Bei ihrem Eintreffen war das Objekt noch zu erkennen, sank aber bereits. Fischerboote fuhren sofort hinaus, um nach Überlebenden zu suchen. Doch als sie an der Absturzstelle eintrafen, war das Objekt bereits verschwunden. Auch eine spätere Suche der Küstenwache konnte weder Trümmer noch Leichname oder Überlebende ausfindig machen.

Inzwischen hatten die örtlichen Behörden festgestellt, dass weder in den östlichen Provinzen Kanadas noch in Neuengland ein Flugzeug vermisst wurde. Auf dem Meeresboden konnten Taucher keinen Hinweis auf etwas Ungewöhnliches entdecken. Die Ursache für den Vorfall in Shag Harbour ist nach wie vor unbekannt.

SIEHE AUCH: Der Aurora-Absturz (1897), Das Tunguska-Ereignis (1908), Der Roswell-Absturz (1947), Der Kecksburg-Absturz (1965), Der Megaplatanos-Absturz (1990), Die Varginha-Nahbegegnungen (1996)

FISCHER VON FERNEN STERNEN: Diese Statue eines „außerirdischen" Hummers markiert eine UFO-Absturzstelle vor der Küste von Neuschottland in Kanada.

ERINNERUNGEN AN DIE ZUKUNFT

1968

Als Erich von Dänikens Bestseller *Erinnerungen an die Zukunft* 1968 in Druck ging, war die Vorstellung, dass Außerirdische die Erde bereits in der Antike besucht haben könnten, nicht neu. Autoren wie Harold T. Wilkins und Robert Charroux hatten sich dem Thema schon gewidmet. Übrigens auch Carl Sagan, dem das später peinlich war. So lieferte sein gemeinsam mit dem sowjetischen Astrophysiker Iosif Shklovskij verfasstes Buch *Intelligent Life in the Universe* (1966) stichhaltige Argumente dafür, dass die Mythen antiker Völker Hinweise auf außerirdische Besucher enthalten könnten.

Doch erst Dänikens Buch katapultierte die Hypothese von den antiken Astronauten ins öffentliche Bewusstsein. Dabei war der Hotelmanager mit bewegter Vergangenheit – unter anderem auch Verurteilungen wegen Diebstahls und Betrugs – nicht gerade die Person, die man mit einem solch dramatischen Kulturwandel in Verbindung gebracht hätte. Seine Argumente waren teils schwach, seine Fakten oftmals verdreht oder rundheraus falsch. Dennoch waren die *Erinnerungen an die Zukunft* und ihre zahlreichen Fortsetzungen enorm erfolgreich. In einer Zeit, in der Sichtungen geheimnisvoller Flugobjekte gängig waren und die offiziellen Erklärungen hierfür nur selten zufriedenstellend, gab es eine große Bereitschaft vieler Leser, in Erwägung zu ziehen, dass antike Kulturen bereits solche Flugobjekte gesichtet hätten und dass die offizielle Version der Menschheitsgeschichte falsch sei.

Und noch eine weitere wichtige Wirkung entfalteten die *Erinnerungen an die Zukunft* auf die UFO-Kontroverse. In ihrem Gefolge entstanden Barrieren zwischen dem wissenschaftlichen Mainstream und alternativen Forschern. Dieser Prozess lässt sich gut an Carl Sagans Werdegang ablesen: Hatte er 1966 noch selbst über antike Astronauten publiziert, so beteiligte er sich zehn Jahre später an einem intensiv beworbenen Buch, das Däniken stark kritisierte. Damit wurde Sagan zu einem wichtigen öffentlichen Gesicht der Gegenreaktion auf die Alternativkultur. In den darauffolgenden Jahren sollte hieraus die Skeptikerbewegung erwachsen.

SIEHE AUCH: Geheimnisvolle Besucher (5000 v. Chr.), *Das Buch der Verdammten* (1919), *When Prophecy Fails* (1954), *Die Besucher* (1987), *Die Apokalyptischen Reiter* (1991)

EIN GESCHENK VON AUSSERIRDISCHEN? Die Moai-Köpfe auf der Osterinsel stellen nach Vermutung mancher Forscher physische Belege für einen prähistorischen Besuch Außerirdischer dar.

DER CONDON-BERICHT

1969

Am 5. April 1966 wurde Harold Brown, Staatssekretär der US-Luftwaffe, in einem Unterausschuss des Kongresses, den der Abgeordnete Gerald Ford einberufen hatte, in die Mangel genommen – es ging um den Umgang der Luftwaffe mit dem UFO-Phänomen. In der Folge begab sich die Luftwaffe auf die Suche nach einer Universität, die bereit war, sich der Erforschung von UFOs zu widmen. Nach einigem Suchen wurde schließlich an der University of Colorado ein Team zusammengestellt, das seine Arbeit im Herbst 1966 unter der Leitung des Physikers Edward Condon aufnahm.

Anfangs arbeiteten zivile UFO-Forschungsgruppen noch mit dem Condon-Komitee zusammen und übergaben Unmengen von ihren Mitgliedern gesammelte Daten. Doch schon bald wurde ihre Hoffnung auf eine unparteiische Untersuchung enttäuscht: Denn im Januar 1967 hielt Condon eine Rede, in der er UFOs als Unsinn abtat und mit einem Schmunzeln sagte: „Zu diesem Ergebnis soll ich aber erst in einem Jahr kommen." Im Juli gelangte zudem ein Memo des Komiteemitglieds Robert Low an die Medien: Es machte deutlich, dass das Projekt im Grunde als Widerlegungsmaßnahme von UFOs gedacht sei. Low schrieb: „Unsere Studie wird fast ausschließlich von Skeptikern durchgeführt. Auch wenn es ihnen faktisch unmöglich ist, einen negativen Beweis zu erbringen, können und werden sie doch vermutlich eine beeindruckende Zahl an Belegen dafür liefern, dass den Beobachtungen die Wirklichkeit abgeht."

Der Abschlussbericht des Condon-Komitees fiel so negativ aus, wie Lows Memo es nicht anders erwarten ließ. Er wurde 1969 unter dem Titel *A Scientific Study of Unidentified Flying Objects* vorgelegt. Sein Fazit lautete, dass sich weitere Forschungen zu UFOs erübrigten – und das, obwohl fast ein Drittel der darin aufgeführten Sichtungen unerklärt war. Dem wissenschaftlichen Mainstream diente dies als Rechtfertigung für eine pauschale Zurückweisung der Existenz von UFOs. Unter UFO-Forschern hingegen verstärkte sich noch die Überzeugung, dass das politische und militärische Establishment in Vertuschungsaktionen verstrickt sei.

SIEHE AUCH: Das Project Blue Book (1948), Der Sumpfgasvorfall (1966), Regierungsanhörungen zu UAPs (2023)

„DEN BEOBACHTUNGEN GEHT DIE WIRKLICHKEIT AB": Der hier abgebildete Physiker Edward Condon leitete ein mit der Untersuchung von UFOs betrautes Team.

179296

DIE ÄRA DER HOHEN FREMDARTIGKEIT

1969

Bis zum Debakel des Condon-Komitees befanden sich UFO-Forscher in den Vereinigten Staaten, aber auch in weiteren Ländern in einem unangenehmen Dilemma. Denn den meisten war es ein wichtiges Anliegen, dass das UFO-Phänomen von Regierungen, Hochschulen und der breiten Öffentlichkeit ernst genommen würde. Dabei sahen sie sich jedoch mit dem Problem konfrontiert, dass einige Erscheinungsformen des Phänomens diesem Ziel nicht zuträglich waren. Paranormale Erfahrungen, Männer in Schwarz und noch merkwürdigere Dinge kamen den Berichten von UFO-Sichtungen immer wieder in die Quere. Aus diesem Grund übten sich zivile UFO-Forschungsorganisationen wie NICAP und APRO in Selbstzensur, ignorierten allzu fremdartige Begebenheiten und weigerten sich, Vorfälle zu untersuchen, die das Phänomen der Lächerlichkeit hätten preisgeben können.

Doch im Nachgang zum Condon-Bericht gelangten viele UFO-Forscher zu der Überzeugung, dass eine seriöse Aufbereitung ihres Gegenstandes reine Zeitverschwendung sei. Während NICAP und APRO auch weiterhin eigenartigere Fälle mieden, begannen aufgeschlossenere UFO-Autoren, über Aspekte von hoher Fremdartigkeit in der Ufologie zu schreiben. Die einflussreichsten waren Jacques Vallée und John Keel. Vallées Buch *Passport to Magonia* (1969) untersuchte Parallelen zwischen UFO-Sichtungen und mittelalterlichen Feensagen, während Keel in *Operation Trojan Horse* (1970) paranormale Ereignisse im Zusammenhang mit UFO-Begegnungen behandelte.

Sowohl Vallée als auch Keel sprachen sich gegen eine außerirdische Herkunft von UFOs aus. Stattdessen führten sie Beweise dafür an, dass das Phänomen bereits seit Jahrtausenden auf der Erde existierte. Spekulationen über parallele Dimensionen und paranormale Faktoren spielten in den nachfolgenden zehn Jahren eine weitaus zentralere Rolle in der UFO-Debatte als zuvor.

SIEHE AUCH: Besucher aus Magonia (815), Das Flatwoods-Monster (1952), Pfannkuchen aus dem All? (1961), Mothman! (1966), Die Cussac-Nahbegegnung (1967), Die Nahbegegnung im Ilkley Moor (1987)

MEHR ALS MERKWÜRDIG: Ende der 1960er-Jahre bildete sich eine Geisteshaltung heraus, die es für Zeitverschwendung hielt, die Ufologie als eine wissenschaftliche Disziplin zu betreiben und nach empirischen Beweisen zu suchen.

DIE HICKSON-PARKER-ENTFÜHRUNG

1973

Am Ufer des Pascagoula River in Mississippi herrschte am Abend des 11. Oktober 1973 perfektes Angelwetter. Und so saßen die beiden Anwohner Charles Hickson und Calvin Parker mit ihren Angelruten gerade am Pier auf dem westlichen Ufer, als sie gegen 21:00 Uhr plötzlich ein surrendes oder zischendes Geräusch hinter sich hörten. Erschrocken drehten sie sich um und sahen ein leuchtendes, eiförmiges Objekt, das etwa zehn Meter entfernt direkt über dem Boden schwebte. Es leuchtete auf der ihnen zugewandten Seite blau und war schätzungsweise zehn bis zwölf Meter breit und zweieinhalb bis drei Meter hoch.

Während die beiden Männer verblüfft zusahen, öffnete sich an der Seite eine Tür, und drei seltsame Wesen kamen hervor. Laut den Beschreibungen von Hickson und Parker waren sie etwa anderthalb Meter groß, hatten runde Köpfe, keinen Hals, Mundschlitze und schlanke Kegelformen anstelle von Augen und Ohren. Sie hatten graue, faltige Haut, ihre Füße waren rund und die Hände klauenartig. Zu ihrer Bestürzung sahen sich die beiden Männer außerstande, zu sprechen oder sich zu bewegen, als die Kreaturen auf sie zuschwebten. Vor Schreck verlor Parker das Bewusstsein. Hickson hingegen erlebte mit, wie er und sein Freund in das Flugobjekt gebracht, in einem hell erleuchteten Raum medizinischen Untersuchungen unterzogen und anschließend wieder am Flussufer abgesetzt wurden.

Voller Panik riefen die beiden Männer beim örtlichen Luftwaffen-Stützpunkt an, der sie an den Sheriff verwies. Dieser glaubte ihnen zunächst nicht. Doch die Männer hielten an ihrer Geschichte fest, auch als sie in einen separaten Raum gebracht und heimlich abgehört wurden. Beide bestanden auch den Lügendetektortest. Bis heute gilt der Fall als einer der am besten dokumentierten Berichte über eine UFO-Entführung.

SIEHE AUCH: Die Entführung von A. Vilas-Boas (1957), Die Entführung von Barney und Betty Hill (1961), Die Emilcin-Entführung (1978), Die Zanfretta-Begegnung (1978), Die Begegnung der Familie Knowles (1988), Die Entführung der Cahills (1993)

AN DEN UFERN DES PASCAGOULA RIVER: Zwei Angler schilderten Erlebnisse, die viele für einen der am besten dokumentierten Besuche Außerirdischer halten.

DAS GEHEIMNIS DER RINDERVERSTÜMMELUNGEN

1973

Mysteriöse Todesfälle bei Nutztieren treten schon seit Langem in der ganzen Welt auf. So berichten bereits historische Buchausgaben über seltsame Begebenheiten, die teilweise mehrere Jahrhunderte zurückreichen. Charles Fort hat in seinen Büchern eigentümliche Geschehnisse aus Großbritannien zusammengetragen. Im Jahr 1967 wurde erstmals eine Verbindung zwischen diesen grausigen Vorkommnissen und UFOs hergestellt: Damals berichteten die Medien über den Tod von Snippy, einem Pferd in Alamosa, Colorado. Doch erst 1973 wurden Rinderverstümmelungen zu einem wichtigen Thema des sich ausweitenden UFO-Phänomens.

Am 4. Dezember desselben Jahres meldeten Polizeibeamte in Kansas und Nebraska eine ganze Reihe toter Rinder, die in elf Countys dieser Bundesstaaten aufgefunden wurden. Insgesamt waren es 38 getötete und verstümmelte Tiere. Offenbar wurden sie ausgeblutet und ihre Geschlechtsorgane entfernt. Einige Kadaver entdeckte man unter seltsamen Umständen – beispielsweise lagen sie auf einem Feld, ohne dass erkennbare Spuren zu ihnen führten, so als wären sie vom Himmel herabgefallen.

Die Verstümmelungen setzten sich im darauffolgenden Jahr fort. Einige Augenzeugen berichteten von unidentifizierten schwarzen Hubschraubern, die mit Scheinwerfern die Felder ausleuchteten, auf denen später verstümmelte Rinder entdeckt wurden. Andere meldeten unbekannte Flugobjekte, die dasselbe taten. In den folgenden Jahren kam es zu weiteren Vorfällen, was zu einer Panikmache in den Massenmedien führte.

1979 wurde eine behördliche Untersuchung unter Leitung des FBI-Agenten Kenneth Rommel aufgenommen. Der 1980 vorgelegte Bericht besagte, dass alle Rinder eines natürlichen Todes gestorben und dass Behauptungen über die hohe Fremdartigkeit der Verstümmelungen übertrieben seien. Viele lokale Rancher und eigenständig ermittelnde Privatpersonen wiesen diese Erklärung zurück. Auch heute noch werden gelegentlich verstümmelte Rinder in Nord- und Südamerika sowie in Australien aufgefunden – ein weiteres Rätsel, das möglicherweise mit UFOs in Zusammenhang steht oder auch nicht.

SIEHE AUCH: *Das Buch der Verdammten* (1919), Die Marius-Dewilde-Begegnung (1954), Die Ära der hohen Fremdartigkeit (1969)

MUH! Obschon der offizielle Bericht besagte, dass alle verstümmelten Rinder eines natürlichen Todes gestorben waren, schenkten viele Menschen dem keinen Glauben.

DIE BILLY-MEIER-KONTAKTE

1975

Mit dem großen UFO-Boom der 1970er-Jahre traten viele neue Aspekte hervor, doch auch bereits bekannte Erscheinungsformen des Phänomens setzten sich fort. So meldete sich etwa eine Rekordzahl von Kontaktpersonen nach dem Vorbild George Adamskis. Der vielleicht schillerndste Kontaktler der 1970er-Jahre war Eduard „Billy" Meier. Nach einer schwierigen Jugend verbüßte der gebürtige Schweizer eine Haftstrafe wegen einer Reihe kleinerer Vergehen und verlor Ende zwanzig bei einem Busunfall in der Türkei seinen linken Arm. Den Spitznamen „Billy" erhielt er von einem amerikanischen Freund, der ihn mit Billy the Kid verglich.

Meiers Angaben zufolge begannen seine Kontakte zu außerirdischen Intelligenzen 1942, als er gerade einmal fünf Jahre alt war. Damals freundete er sich mit Sfath an, einem älteren Humanoiden von den Plejaden. Es folgten weitere Kontakte bis zum Jahr 1964, woraufhin sie eine Zeitlang pausierten. Sfaths Enkelin Semjase eröffnete dann 1975 einen neuen Kontaktzyklus und gab spirituelle Lehren an Meier weiter. Kurz darauf begann auch Ptaah von den Plejaden, mit Meier zu interagieren, und weitere Außerirdische kamen hinzu. Laut Meiers Darstellung war dies kein Zufall, denn seine Seele hatte sich zuvor in einer Reihe großer Propheten inkarniert, so auch Moses und Jesus.

Seine Behauptungen stützte Meier auf Fotografien plejadischer Strahlenschiffe und einiger seiner Plejadier-Kontakte. Skeptiker wiesen jedoch darauf hin, dass die Untertassenfotos von Modellen angefertigt worden seien und dass die Aufnahmen von Plejadiern weniger bekannte, vom Fernsehbildschirm abfotografierte Hollywood-Schauspielerinnen zeigten. Das hinderte Meier jedoch keineswegs, ein begeistertes Publikum für seine Geschichten und spirituellen Lehren zu finden. Die von ihm gegründete Freie Interessengemeinschaft für Grenz- und Geisteswissenschaften und Ufologiestudien hat ihren Sitz in der Schweiz und bedient eine internationale Klientel. Zahlreiche Bücher und ein Film geben Meiers Geschichten über außerirdische Kontakte wieder.

SIEHE AUCH: Die Ära der Kontaktler beginnt (1952), Die Giant Rock Convention (1953), Weltkontakttag (1953), *When Prophecy Fails* (1954), Die Heaven's-Gate-Selbstmorde (1997)

EIN FREUND DER PLEJADIER? Der UFO-Experte Eduard „Billy" Meier ist hier auf einem Foto von 1976 abgebildet.

DIE TEHERANER SICHTUNGEN

1976

Vier Personen meldeten in den frühen Morgenstunden des 19. September 1976 einen hellen Gegenstand am Himmel über Teheran. Sofort schickte die iranische Luftwaffe einen F-4-Kampfjet zur Erkundung los. Als der Pilot, Leutnant Yaddi Nazeri, das Objekt sichtete, hielt er darauf zu. Doch bei Erreichen der Angriffsdistanz fielen auf einmal alle seine Instrumente und Kommunikationsgeräte aus. Nazeri flog daraufhin ein Ausweichmanöver, und die Geräte funktionierten wieder.

Nach seiner Rückkehr zum Stützpunkt, wo Nazeri Bericht erstattete, wurde ein weiterer F-4-Jet mit Geschwaderkommandeur Major Parviz Jafari entsandt. Dieser beschrieb das Flugobjekt als rautenförmig, umgeben von roten, grünen, orangefarbenen und blauen Lichtern, die so hell leuchteten, dass er den Gegenstand selbst nicht genau erkennen konnte. Jafari schätzte die Größe etwa auf die einer Boeing KC-135 Stratotanker. Als sein Radargerät das 40 Kilometer entfernte Objekt erfasste, fiel genau in diesem Augenblick die Kommunikation in seinem Jet aus.

Kurz darauf löste sich eine helle Kugel von dem Gegenstand und näherte sich Jafari mit hoher Geschwindigkeit. Dieser versuchte noch, eine Rakete abzufeuern, doch sein Waffenkontrollpanel versagte den Dienst. Die Kugel flog an ihm vorbei, und Jafari wich aus. Als seine Kommunikationsgeräte wieder funktionierten, wurde er zum Stützpunkt zurückbeordert. Dabei konnte Jafari noch beobachten, wie das erste Flugobjekt eine weitere helle Kugel zum Boden schickte, wo sie einen grellen Blitz erzeugte. Anwohner berichteten, dass sie den Blitz in der Nacht gesehen hatten.

Die iranische Regierung, die damals noch mit den USA verbündet war, leitete einen inzwischen freigegebenen Bericht an das US-Militär weiter. Skeptiker beharrten darauf, dass die an dem Vorfall beteiligten erfahrenen Piloten in Wirklichkeit den Planeten Jupiter gesehen hätten und dass der zeitgleich aufgetretene Instrumentenausfall ein Zufall gewesen sei. Diese Erklärung fand verständlicherweise kaum jemand überzeugend.

SIEHE AUCH: UFOs über Washington, D.C. (1952), Der Manises-Vorfall (1979), Die Nacht der UFOs (1986), Der Tic-Tac-Vorfall (2004)

JAFARI AUF DER JAGD: Major Parviz Jafari wurde zur Verfolgung eines unidentifizierten Objektes entsandt.

Gmina
POMNIK UFO W
neighbourhood
PROGRAMME
PL-BY-UA

DIE EMILCIN-ENTFÜHRUNG

1978

Jan Wolski war ein ganz normaler Bauer und lebte im polnischen Dorf Emilcin. Am Morgen des 10. Mai 1978 fuhr der 70-Jährige gerade auf seinem Pferdekarren die Straße entlang, als außerhalb des Dorfes zwei humanoide Wesen zu ihm auf den Wagen sprangen. Sie waren etwa anderthalb Meter groß und hatten grüne Haut, hohe Wangenknochen und schräg stehende Augen. Gekleidet waren sie in grauschwarze Anzüge. Sie sprachen in einer Wolski unbekannten Sprache miteinander und wiesen ihn mit Gesten an, zu einer Lichtung im nahen Waldgebiet zu fahren.

Verwundert sah der Bauer dort ein weißes Objekt, so groß wie ein Bus, das etwa fünf Meter über dem Boden schwebte. Eine Plattform senkte sich herab, und Wolski wurde bedeutet, sie zu besteigen. Er wurde an Bord gebracht. Das Innere des Fluggeräts hatte die gleiche grauschwarze Farbe wie die Kleidung der Wesen, und abgesehen von dem durch die Tür einfallenden Tageslicht gab es keine Beleuchtung.

Nach Wolskis Einstieg forderten die Humanoiden ihn auf, seine Kleidung abzulegen, und untersuchten ihn mit einem Instrument, das zwei aneinandergesetzten Untertassen glich. Anschließend gaben sie ihm ein Zeichen, sich wieder anzuziehen, und boten ihm etwas zu essen an, das aussah wie ein Eiszapfen – Wolski lehnte jedoch ab.

Schließlich setzten die Wesen ihn wieder auf seinen Pferdekarren. So schnell er konnte, fuhr Wolski nach Hause und erzählte seiner Familie, was geschehen war. Als er mit einer Gruppe von Angehörigen und Nachbarn zu der Lichtung zurückkehrte, war das Flugobjekt verschwunden, das Gras aber in alle Richtungen niedergedrückt, so als sei es zertrampelt worden. Die Ermittler stellten später fest, dass ein Junge aus der Gegend auch ein busähnliches Objekt gesehen hatte, das über einer Scheune schwebte und danach in den Himmel aufstieg. Auf der Lichtung wurde 2005 ein Denkmal errichtet, das an die berühmteste UFO-Sichtung Polens erinnert.

SIEHE AUCH: Die Entführung von A. Vilas-Boas (1957), Die Entführung von Barney und Betty Hill (1961), Die Hickson-Parker-Entführung (1973), Die Zanfretta-Begegnung (1978), Die Begegnung der Familie Knowles (1988), Die Entführung der Cahills (1993)

DIE BERÜHMTESTE ENTFÜHRUNG POLENS: Das hier abgebildete UFO-Denkmal in Emilcin hat die Form eines Metallwürfels, der auf einem Felsen balanciert.

VALENTICHS VERSCHWINDEN

1978

Frederick Valentich war ein australischer Pilot. Mit 20 Jahren befand er sich noch in der Ausbildung als Mitglied des Air Training Corps der Australischen Luftwaffe. Doch hatte er bereits 150 Flugstunden absolviert und eine Instrumentenflugberechtigung der Klasse 4 erworben, die ihn für Nachtflüge qualifizierte. Am Abend des 21. Oktober 1978 startete er vom Moorabbin Airport bei Melbourne. In einer Cessna 182L wollte er nach Cape Otway und von dort weiter über die Bass-Meerenge nach King Island fliegen – eine Gesamtstrecke von etwa 200 Kilometern.

Um 19:06 Uhr meldete er der Flugsicherung in Melbourne per Funk, dass er von einem unbekannten Flugzeug verfolgt werde. Dieses befinde sich 300 Meter oberhalb von ihm. Den Flugzeugtyp konnte er zwar nicht erkennen, erwähnte aber vier helle Landescheinwerfer. Der Fluglotse teilte ihm mit, dass auf dieser Höhe kein Verkehr bekannt sei. Anschließend berichtete Valentich, dass sich das andere Flugzeug offenbar gezielt nähere; er meldete auch unerklärliche Motorprobleme. Seiner Beschreibung nach hatte das Flugzeug eine glänzende Metalloberfläche und an der Unterseite ein helles grünes Licht. Die letzten Worte, die die Flugsicherung in Melbourne empfing, waren: „Es ist kein Flugzeug." Darauf folgte ein nicht zuzuordnendes Geräusch, beschrieben als „metallisches Kratzen", und der Kontakt brach ab.

Sofort wurde eine Suchaktion eingeleitet, an der Schiffe sowie militärische und zivile Flugzeuge beteiligt waren. Sie durchkämmten die Bass-Meerenge fünf Tage lang, fanden aber keine Spur von Valentich oder seiner Cessna. Fünf Jahre später wurde eine Kühlluftklappe, die von der Cessna stammen könnte, auf Flinders Island weit im Osten angespült. Von Frederick Valentich gab es kein Lebenszeichen mehr. UFO-Forscher und Skeptiker haben verschiedene Erklärungen für sein Verschwinden geäußert, doch fehlt es an schlüssigen Indizien. So bleibt der Fall ungelöst.

SIEHE AUCH: Der Mantell-Vorfall (1948)

SPURLOS VERSCHWUNDEN: Das letzte Lebenszeichen des hier abgebildeten Piloten Frederick Valentich war eine Funkmeldung nach seinem Start in Melbourne.

DIE ZANFRETTA-BEGEGNUNG

1978

Der 26 Jahre alte Pier Zanfretta war Nachtwächter in dem ligurischen Städtchen Torriglia in der Nähe von Genua. In der bitterkalten Nacht des 6. Dezember 1978 fuhr er in seinem Auto zu einem unbewohnten Haus, das er kontrollieren sollte. Als er sich näherte, gingen auf einmal der Motor, das Radio und die Scheinwerfer seines Wagens aus. Er entdeckte vier Lichter, die sich im Hof des Hauses bewegten. Daraufhin stieg er aus, griff sich seinen Revolver und eine Taschenlampe und ging der Sache nach.

Plötzlich berührte ihn etwas an der Schulter. Er wirbelte herum und starrte auf ein drei Meter großes grünes Wesen mit riesigen gelben Augen. Das war zu viel für Zanfretta – er gab Fersengeld. Hinter dem Haus erhob sich ein riesiges leuchtendes dreieckiges Objekt, während andere, dem ersten Wesen ähnelnde Kreaturen ihn verfolgten und versuchten, ihn zu packen. Als er das Auto erreichte, kontaktierte er per Funkgerät die Sicherheitsfirma, für die er tätig war. Der Leitstellenmitarbeiter berichtete später, dass Zanfretta verwirrt und durcheinander gewirkt habe. Als der Mitarbeiter um eine Beschreibung der „Männer" bat, die Zanfretta verfolgt hatten, rief dieser aus: „Nein, das sind keine Männer, das sind keine Männer ..." Dann verstummte das Funkgerät.

Sofort wurde eine weitere Streife losgeschickt. Vor Ort traf sie Zanfretta, vor dem Haus auf dem Boden liegend, im Schockzustand an. Die herbeigerufene Polizei fand zwei hufeisenförmige, fast drei Meter breite Markierungen im Schnee, unweit der Stelle, an der Zanfretta das leuchtende Objekt aufsteigen sah. In Torriglia konnten die Ermittler 52 Personen ausfindig machen, die einen hellen Gegenstand nahe dem betreffenden Haus gesehen hatten. Zanfretta wurde ärztlich untersucht und für angespannt, doch völlig zurechnungsfähig befunden. Beunruhigenderweise hatte er im Lauf der nächsten drei Jahre noch zehn weitere Entführungserlebnisse. Bis heute gehört die Zanfretta-Begegnung zu den bemerkenswertesten UFO-Entführungsfällen, die je dokumentiert wurden.

SIEHE AUCH: Die Entführung von A. Vilas-Boas (1957), Die Entführung von Barney und Betty Hill (1961), Die Hickson-Parker-Entführung (1973), Die Emilcin-Entführung (1978), Die Begegnung der Familie Knowles (1988), Die Entführung der Cahills (1993)

EINE BEGEGNUNG IN LIGURIEN: Die Wälder von Torriglia haben möglicherweise einen außerirdischen Besucher beherbergt.

DECHMONT UFO TRAIL
Did you know that on the morning of the 9th November 1979, Dechmont Wood was the site of a very unusual encou r known as the 'Robert Taylor' incident?
Follow the way-marked trail to discover more about this unusual event and to enjoy the wonderful woodlands, wildlife and views of Dechmont Law.
West Lothian Council
Key
Viewpoint
Car Park
Access Point
Surfaced Footpaths
Unsurfaced Paths
Woodland
Grassland
UFO Trail
'Taylor Sighting' Location
Deer Hill
Dechmont Law
N
Deans Community High School
West Lothian Council
Countryside Section

DIE NAHBEGEGNUNG AM DECHMONT LAW

1979

Mary Taylor war entsetzt. Am 9. November 1979 war ihr Ehemann Bob losgefahren, um mit ihrem Hund Lara spazieren zu gehen. Er wollte zum nahegelegenen Dechmont Law, einem von Wäldern umgebenen Hügel in West Lothian in Schottland. Als sie ihren Mann später am selben Tag wiedersah, stand er vor der Haustür, die Kleidung verschlammt und zerrissen, Gesicht und Beine aufgeschürft und blutig. Ein „Raumschiff-Ding" habe ihn angegriffen, sagte er. Mary ging sofort zum Telefon und benachrichtigte Polizei und Hausarzt. Im Laufe der nächsten Stunden kam eine beunruhigende Geschichte ans Licht.

Bob Taylor war mit seinem Pick-up zu einem Wanderweg gefahren, dessen Startpunkt unweit der Autobahn M8 lag, und zusammen mit dem Hund den Weg hinaufgegangen. Nach nicht einmal 400 Metern stieß er auf ein kuppelförmiges Metallobjekt mit einem Durchmesser von etwa sechs Metern. Es schwebte auf einer Waldlichtung und verströmte einen Geruch nach überhitzten Bremsen. Begleitet wurde es von kleineren Kugeln aus Metall, die Taylor an Seeminen erinnerten. Mehrere der Kugeln griffen Taylor an und trieben ihn in Richtung des größeren Objekts. Der Kuppel entströmte ein „starkes Gas", und Taylor verlor das Bewusstsein. Als er wieder zu sich kam, waren die Objekte verschwunden, und er lag auf dem Boden. Da sein Pick-up nicht ansprang, machte er sich zu Fuß auf den Heimweg.

Angesichts von Taylors Verfassung wertete die örtliche Polizei den Vorfall als Körperverletzung und leitete Ermittlungen ein. Am Ort der Begegnung entdeckten sie seltsame leiterartige Abdrücke im Boden, so als hätte dort ein tonnenschwerer Gegenstand gelastet. Doch wurden keine weiteren Hinweise auf ein solches Fahrzeug gefunden, das in die Lichtung hinein- oder aus ihr herausgefahren wäre. Für die Ereignisse des damaligen Nachmittags gab es nie eine plausible Erklärung. Der Vorfall am Dechmont Law ist nach wie vor die einzige UFO-Begegnung, die Gegenstand strafrechtlicher Ermittlungen war.

SIEHE AUCH: Die Marius-Dewilde-Begegnung (1954), Das Geheimnis der geraden Linien (1954), Die Socorro-Landung (1964), Die Woronescher Nahbegegnung (1989)

HIER IST ETWAS SELTSAMES GESCHEHEN: Der Dechmont UFO Trail bietet einen entspannten Spaziergang von 20 bis 30 Minuten – vorbei an dieser Gedenktafel, die an die Nahbegegnung von 1979 erinnert.

DER MANISES-VORFALL

1979

In der Nacht des 11. November 1979 befand sich Flug JK-297 der TAE (Transportes Aéreos Españoles) auf dem Weg von Salzburg nach Las Palmas. An Bord waren 109 Passagiere, und am Steuerknüppel saß Francisco Javier Lerdo de Tejada. Zunächst verlief der Flug routinemäßig. Doch um 23:00 Uhr sichtete die Besatzung eine Reihe roter Lichter, die sich dem Flugzeug auf Kollisionskurs zu nähern schienen. Daraufhin kontaktierte der Pilot die Flugsicherung in Barcelona, doch konnte weder diese noch das Militärradar in Torrejón de Ardoz die Lichterquelle identifizieren.

Um einen Zusammenstoß zu vermeiden, änderte Lerdo de Tejada die Flughöhe. Die Lichter vollzogen den Wechsel nach, näherten sich dem Flugzeug jedoch nicht weiter an, sondern wahrten eine Distanz von etwa 500 Metern. Zu diesem Zeitpunkt leitete der Pilot eine Notlandung auf dem Flughafen Manises bei Valencia ein. Als das Flugzeug in Sinkflug überging, brachen die Lichter ihre Verfolgung ab. Doch wurden drei weitere Objekte von Radargeräten des Flughafens erfasst und ebenfalls vom Bodenpersonal beobachtet.

Die spanische Luftwaffe schickte eine Mirage zur Erkundung los. Der Pilot, Kapitän Fernando Cámara, entdeckte ein Flugobjekt und beschrieb es als einen hell erleuchteten Kegel, der die Farbe wechselte. Um sich zu nähern, musste Cámara auf Mach 1,4 beschleunigen. Doch entfernte sich das Objekt mit größerer Geschwindigkeit, als die Mirage fliegen konnte. Daraufhin drehte Cámara ab, um sich einem zweiten Objekt zu nähern. Diesmal trat jedoch eine plötzliche Fehlfunktion der Bordelektronik auf. Auch der dritte Versuch einer Näherung misslang, und Cámara kehrte zum Stützpunkt zurück. Die spanischen Behörden behaupteten später, die Flammenstöße einer entfernten Chemiefabrik und eine Reihe von Sternen und Planeten seien falsch gedeutet worden – eine Erklärung, die von keinem der Augenzeugen akzeptiert wurde.

SIEHE AUCH: UFOs über Washington, D.C. (1952), Die Teheraner Sichtungen (1976), Die Nacht der UFOs (1986), Der Tic-Tac-Vorfall (2004)

AUF KOLLISIONSKURS MIT … WAS? Anschließend an den Vorfall absolvierte der Pilot des Fluges JK-297 eine Notlandung auf dem Flughafen Manises bei Valencia.

DIE LANDUNG IM RENDLESHAM FOREST

1980

Rendlesham Forest ist ein Waldgebiet in Suffolk, unweit der englischen Nordseeküste. In unmittelbarer Nähe befinden sich zwei Militärflugplätze der Royal Air Force (RAF): auf der Westseite Woodbridge und im Norden Bentwaters. Im Jahr 1980 wurden beide Stützpunkte von der US-Luftwaffe genutzt. Am 26. Dezember entdeckte eine Sicherheitspatrouille am Osttor der Woodbridge Air Base um 3:00 Uhr morgens Lichter, die über dem Rendlesham Forest niedergingen. In der Annahme, dass es sich um einen Flugzeugabsturz handelte, begab sich ein Trupp Soldaten zum vermeintlichen Unfallort.

Statt auf Flugzeugtrümmer stießen sie jedoch auf ein großes dreieckiges Objekt, das strahlend weiß leuchtete und den gesamten Wald erhellte. Auf ihre Annäherung hin entfernte es sich zwischen den Bäumen. Auf einem nahegelegenen Bauernhof geriet daraufhin das Vieh in Panik. Die Soldaten kehrten zum Stützpunkt zurück. Als sie bei Tageslicht wiederkamen, fanden sie Brandspuren und abgebrochene Äste vor sowie drei Abdrücke im Boden, die möglicherweise von einem Fahrwerk stammten.

Am 28. Dezember suchte Lieutenant Colonel Charles Halt, stellvertretender Kommandeur der Basis Woodbridge, das Gelände mit einem Ermittlerteam auf. Ein Strahlungsmessgerät zeigte erhöhte Radioaktivität im Bereich der mutmaßlichen Landestelle sowie in einem kleineren Areal in etwa 800 Metern Entfernung an. Bei Anbruch der Nacht bemerkten Halt und seine Männer ein „rotes, sonnenähnliches Licht“, das von der Landestelle ausstrahlte. Das Licht zerfiel anschließend in fünf weiße Objekte und verschwand.

Die meisten Zeugenberichte stimmten hierin überein. Es wurden viele Vermutungen dahingehend angestellt, was in dieser Nacht im Rendlesham Forest geschehen sein könnte. Der Vorfall gilt als „Großbritanniens Roswell“. Ebenso wie der Roswell-Absturz wurde auch er zum Gegenstand vieler konkurrierender Erzählungen und widersprüchlicher Behauptungen der UFO- und Skeptikerliteratur.

SIEHE AUCH: Der Aurora-Absturz (1897), Das Tunguska-Ereignis (1908), Der Roswell-Absturz (1947), Der Kecksburg-Absturz (1965), Der Shag-Harbour-Absturz (1967), Der Megaplatanos-Absturz (1990), Die Varginha-Nahbegegnungen (1996)

NACHBAU IN ORGINALGRÖSSE: Dieses Modell, das den UFO-Pfad im Wald von Rendlesham markiert, wurde nach den Beschreibungen des Air-Force-Personals gestaltet.

DIE CASH-LANDRUM-BEGEGNUNG

1980

Als Betty Cash das Licht bemerkte, hielt sie es zunächst für ein Flugzeug im Landeanflug auf den Houston International Airport, der nur 50 Kilometer entfernt lag. Daher dachte sie nicht weiter darüber nach. Zusammen mit ihrer Freundin Vickie Landrum und deren Enkel Colby befand sie sich auf der Heimfahrt nach Dayton in Texas. Es war etwa 20:30 Uhr am Abend des 29. Dezember 1980.

Doch einige Minuten später stellten alle drei fest, dass sie das Flugobjekt nicht zuordnen konnten. Es bestand aus Metall, war grau und rautenförmig und um ein Vielfaches größer als der Wagen. Ober- und Unterseite waren abgeflacht, und in der Mitte waren ringförmig angeordnete Lichter von intensivem Blau zu sehen. An der Unterseite schossen wiederholt Flammen hervor und ließen Funken über die Fahrbahn sprühen. Das Objekt hob und senkte sich immer dann, wenn Flammen sichtbar wurden und wieder erloschen.

Cash hielt an, und alle drei Insassen stiegen aus, um das Vehikel verwundert zu betrachten. Als gläubige Christin vermutete Landrum zunächst die Wiederkunft Christi, der sogleich aus dem leuchtenden Objekt heraustreten würde. Ihr Enkel aber war verängstigt und bat sie, wieder ins Auto zu steigen. Nach einer Weile tat sie das auch.

Cash hingegen blieb draußen stehen und beobachtete das Fluggerät einige Minuten lang. Als sie ebenfalls zum Wagen zurückkehrte, war der Türgriff so heiß, dass sie ihre Hand mit dem Mantel schützen musste, um sich nicht zu verbrennen. Nachdem das Objekt davongeflogen war, fuhren sie weiter. Dabei konnten sie sehen, dass eine kleine Flotte von Hubschraubern – 23 an der Zahl – das Objekt verfolgte und beim Weiterflug begleitete.

In den darauffolgenden Stunden litten alle drei Zeugen unter Übelkeit, Erbrechen sowie Rötungen und Blasenbildungen auf den Hautpartien, die nicht bedeckt gewesen waren. Bei Cash traten die Symptome so gravierend auf, dass sie sich ins Krankenhaus begeben musste. Örtliche Vertreter des Militärs bestritten jegliche Kenntnis des Vorfalls – doch auch weitere Zeugen sahen die Hubschrauberflotte in jener Nacht.

SIEHE AUCH: Die Stephenville-Sichtungen (2008)

DIE WIEDERKUNFT? Vickie Landrum berichtet von dem UFO, dem sie, ihr damals siebenjähriger Enkel und ihre Freundin Betty Cash im Jahr 1980 begegnet waren. Nach dem Besuch einer Bingohalle befanden sie sich auf der Heimfahrt nach Dayton in Texas.

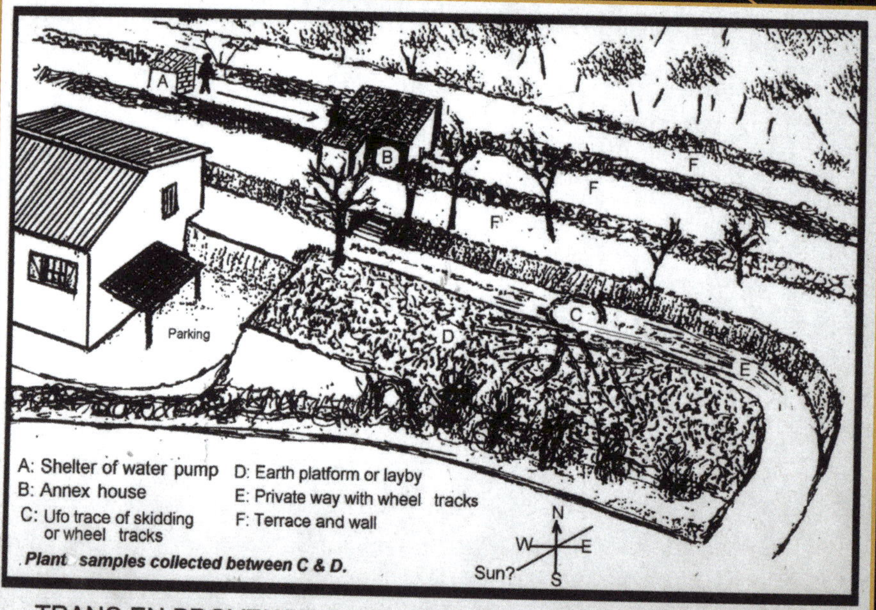

TRANS EN PROVENCE (VAR): GENERAL VIEW OF THE SITE

DIE LANDUNG IN TRANS-EN-PROVENCE

1981

Am 8. Januar 1981 begann für Renato Nicolaï ein regulärer Arbeitstag in dem südfranzösischen Städtchen Trans-en-Provence. Doch gegen 17:00 Uhr hörte der 55 Jahre alte Bauer ein ungewöhnliches pfeifendes Geräusch. In etwa 50 Meter Entfernung sah er ein untertassenförmiges Metallobjekt, das auf einem Feld unterhalb von ihm landete. Nicolaï schätzte den Durchmesser auf etwa zweieinhalb Meter und die Höhe auf etwa anderthalb Meter. Unmittelbar nach der Landung hob das Objekt wieder ab und flog in Richtung Nordosten davon. Auf dem Boden blieben Brandspuren zurück.

Bis dahin handelte es sich um eine UFO-Sichtung wie Dutzende andere auch, die in den 1970er- und 1980er-Jahren überall auf der Welt auftraten. Was diesen Fall jedoch von ihnen unterschied, war die darauffolgende gründliche Untersuchung. Am nächsten Tag suchte Nicolaï die örtliche Gendarmerie auf. Diese befragte ihn, machte Fotos vom Sichtungsort und nahm Bodenproben von dem Feld, auf dem die Untertasse gelandet war. Sofort wurde auch die GEPAN, die französische Behörde zur Untersuchung von UFOs, hinzugezogen.

Die Ermittler stellten fest, dass der Boden an der Landestelle ein Gewicht von vier bis fünf Tonnen getragen hatte und auf eine Temperatur von 300 °C bis 500 °C erhitzt worden war. Im Erdreich wurden unerwartete Spuren von Phosphat und Zink entdeckt, und die am Landeplatz gesammelte Luzerneprobe wies eine unerklärliche Verringerung des Chlorophyllgehalts um 30 bis 50 Prozent auf. Für diese Phänomene wurde keine herkömmliche Erklärung gefunden. Trans-en-Provence gilt als die bislang am sorgfältigsten dokumentierte UFO-Sichtung der Geschichte. Nicolaï selbst glaubte jedoch nicht an eine Herkunft des Objektes aus dem Weltraum, vielmehr vermutete er dahinter ein geheimes französisches Militärprojekt.

SIEHE AUCH: Die Woronescher Nahbegegnung (1989)

EINE GUT DOKUMENTIERTE BEGEBENHEIT: Diese grafische Darstellung zeigt den Schauplatz eines UFO-Besuchs in Trans-en-Provence in Frankreich.

KIRTLAND AIR FORCE BASE

DIE PAUL-BENNEWITZ-AFFÄRE

1982

Paul Bennewitz war ein Elektronikspezialist aus Albuquerque, New Mexico. In den 1970er-Jahren wurde sein Interesse am UFO-Phänomen geweckt. Ab 1979 begann er, seltsame Lichter über der Kirtland Air Force Base zu beobachten und zu filmen, und erfasste ungewöhnliche Funksignale. Er hielt die Lichter für UFOs und meldete sie dem Stützpunkt. Daraufhin wurde er nach Kirtland eingeladen, um mehreren Vertretern der US-Luftwaffe von seinen Beobachtungen zu berichten.

Ohne es zu wissen, hatte Bennewitz versehentlich eine der geheimsten Einrichtungen der Vereinigten Staaten ausspioniert. In Kirtland befinden sich Niederlassungen von über 150 Bundesbehörden, darunter auch der streng geheimen National Security Agency. Wie mehrere Berichte bestätigen, begann das Büro für Sonderermittlungen der Luftwaffe (OSI) ab 1981, Bennewitz gezielt mit falschen Informationen über UFOs zu versorgen. Hierfür wurden die UFO-Ermittler J. Allen Hynek und Bill Moore eingesetzt, die beide verdeckte OSI-Agenten waren.

So besagten die Bennewitz zugespielten Dokumente etwa, dass Außerirdische von Zeta Reticuli eine unterirdische Basis bei Dulce in New Mexico unterhielten. Wegen ihrer grauen Haut würden sie als „Graue“ bezeichnet. Sie brächten Körperteile von verstümmeltem Vieh in die Basis und unternähmen dort bizarre genetische Experimente an entführten Menschen. Konflikte mit der US-Regierung hätten 1979 zu einer gewaltsamen Auseinandersetzung geführt, aus der die Außerirdischen siegreich hervorgegangen seien. Seitdem hätten sich die US-Regierung und andere Weltmächte darum bemüht, die Grauen an der Erlangung der Weltherrschaft zu hindern.

Je wahnwitziger die Erzählungen wurden, desto paranoider gebärdete sich auch Bennewitz. 1988 wurde er vorübergehend in eine Anstalt eingewiesen und gab anschließend die UFO-Forschung auf. Erst nach seinem Tod im Jahr 2003 kam das Ausmaß der gegen ihn geführten Desinformationskampagne ans Licht.

SIEHE AUCH: Area 51 (1955), Die Majestic-12-Dokumente (1984), John Lear und die UFO-Verschwörung (1987), Bob Lazars Enthüllungen (1989), Die Planet-Serpo-Akte (2005)

BOTSCHAFTEN VON DEN GRAUEN: Auf der Kirtland Air Force Base (im Bild) fing der Elektronikspezialist Paul Bennewitz Funksprüche ab, die – wie sich später herausstellte – das Büro für Sonderermittlungen der Luftwaffe (OSI) eigens fabriziert hatte.

DER WESTCHESTER-BUMERANG

1983

Bill Durkin traute seinen Augen nicht. Der Lkw-Fahrer war am Abend des 17. März 1983 auf der Interstate 84 im US-Bundesstaat New York unterwegs. Als er gegen 20:30 Uhr an dem Ort Brewster vorbeifuhr, der im Tal des Hudson River liegt, fiel ihm eine Lichtergruppe am Himmel auf. Sie näherte sich von Süden her der Interstate. Es kam Unruhe in den Verkehr, Autofahrer hielten am Standstreifen, um das Phänomen zu beobachten. So auch Durkin.

Zunächst hielt er die Lichter für ein tief fliegendes Verkehrsflugzeug, doch dafür bewegten sie sich zu langsam. Durkin stieg aus und verfolgte, wie ein riesiges dreieckiges Objekt die Autobahn überquerte. Es war so groß wie ein Footballfeld, mattschwarz und mit bunten Lichtern versehen. Als das Objekt geräuschlos vorbeiflog, konnte Durkin an der Unterseite eine Art Rahmenkonstruktion erkennen, an der die Lichter befestigt waren. Das Flugobjekt bewegte sich etwas schneller als mit Schrittgeschwindigkeit. So verstrichen mehrere Minuten, bis es im Nordosten aus dem Blickfeld verschwand.

Dies war die erste von Dutzenden Sichtungen dieses Flugobjekts. Die Medien bezeichneten es als „Westchester-Bumerang" nach dem County, in dem es erstmals aufgetaucht war. Im Frühjahr, Sommer und Frühherbst 1983 präsentierte sich es mehrmals am Himmel über dem Hudson River Valley. Dies wiederholte sich im gleichen Zeitraum des Jahres 1984. Die örtlichen Behörden bestanden darauf, dass es sich lediglich um eine Gruppe in Formation fliegender Ultraleichtflugzeuge handelte – doch stellte diese Erklärung nur wenige Augenzeugen zufrieden.

Das Erscheinen des Bumerangs markierte eine wichtige Veränderung des Phänomens. Wurden die meisten UFOs bis dahin nur von Einzelpersonen oder kleineren Gruppen gesichtet, so beobachteten nun mehrere Tausende den Bumerang. Er war das erste der „schwarzen Dreiecke", die in den 1980er- und 1990er-Jahren zu einem zentralen Bestandteil der UFO-Erfahrung wurden – und eines der berühmtesten.

SIEHE AUCH: Schwarze Dreiecke über Belgien (1989), Die Tinley-Park-Sichtungen (2004)

SCHWARZE DREIECKE: Was war der Westchester-Bumerang? Ein UAP oder doch ein Ultraleichtflugzeug?

TOP SECRET / MAJIC
EYES ONLY

• TOP SECRET •

EYES ONLY   COPY ONE OF ONE.

SUBJECT: OPERATION MAJESTIC-12 PRELIMINARY BRIEFING FOR PRESIDENT-ELECT EISENHOWER.

DOCUMENT PREPARED 18 NOVEMBER, 1952.

BRIEFING OFFICER: ADM. ROSCOE H. HILLENKOETTER (MJ-1)

NOTE: This document has been prepared as a preliminary briefing only. It should be regarded as introductory to a full operations briefing intended to follow.

• • • • • •

OPERATION MAJESTIC-12 is a TOP SECRET Research and Development/Intelligence operation responsible directly and only to the President of the United States. Operations of the project are carried out under control of the Majestic-12 (Majic-12) Group which was established by special classified executive order of President Truman on 24 September, 1947, upon recommendation by Dr. Vannevar Bush and Secretary James Forrestal. (See Attachment "A".) Members of the Majestic-12 Group were designated as follows:

- Adm. Roscoe H. Hillenkoetter
- Dr. Vannevar Bush
- Secy. James V. Forrestal*
- Gen. Nathan F. Twining
- Gen. Hoyt S. Vandenberg
- Dr. Detlev Bronk
- Dr. Jerome Hunsaker
- Mr. Sidney W. Souers
- Mr. Gordon Gray
- Dr. Donald Menzel
- Gen. Robert M. Montague
- Dr. Lloyd V. Berkner

The death of Secretary Forrestal on 22 May, 1949, created a vacancy which remained unfilled until 01 August, 1950, upon which date Gen. Walter B. Smith was designated as permanent replacement.

BOGUS

65-81110-1

• TOP SECRET •

TOP SECRET / MAJIC
EYES ONLY

EYES ONLY   T52-EXEMPT (E)

3

DIE MAJESTIC-12-DOKUMENTE

1984

Der Umschlag trug einen Poststempel aus Albuquerque, aber keinen Absender. Ohne Vorankündigung landete er am 11. Dezember 1984 im Briefkasten von Jaime Shandera, einem in Los Angeles lebenden UFO-Forscher. Darin befand sich eine noch nicht entwickelte 35-mm-Filmrolle. Durch die Belichtung kamen Aufnahmen von acht getippten Seiten zutage: Dabei handelte es sich angeblich um Besprechungsunterlagen, die nach der US-Wahl 1952 für den künftigen Präsidenten Dwight Eisenhower erstellt worden seien, um ihn über das UFO-Geheimnis in Kenntnis zu setzen.

Die US-Regierung – so besagten die Dokumente – habe die Überreste von zwei abgestürzten UFOs und die Leichname von vier humanoiden Außerirdischen geborgen. Daraufhin habe Präsident Truman ein Geheimkomitee einrichten lassen, das unter der Bezeichnung Majestic-12, kurz MJ-12, die Anwesenheit von Außerirdischen untersuchen sollte. Später fanden Shandera und der UFO-Forscher William Moore in den National Archives ein Schriftstück, das die MJ-12-Besprechung zu bestätigen schien. Die Dokumente zirkulierten privat unter UFO-Forschern, bis 1987 eine Kopie an den britischen Forscher Timothy Good gelangte. Er machte sie öffentlich und entfachte damit einen medialen Sturm.

Viele Forscher hielten die Dokumente für Fälschungen und wiesen auf gravierende Unstimmigkeiten hin. So wurde Trumans Unterschrift scheinbar von der Fotokopie eines anderen, authentischen Memos übernommen. Auch waren bestimmte Begriffe und Formulierungen (wie „Medien“ für Presse und Radio) 1952 noch unüblich. Die Datumsschreibweise, die Geheimhaltungsgrade und der Codename des Projekts entsprachen auch nicht der damaligen Praxis von US-Regierung und Militär. Dennoch verraten die Dokumente Kenntnisse über interne Abläufe der Truman-Administration und des US-Verteidigungsministeriums, die 1984 nur wenigen Personen bekannt waren. Handelte es sich also um einen gewöhnlichen Schwindel oder aber um eine Desinformationskampagne der US-Regierung selbst?

SIEHE AUCH: Area 51 (1955), Die Paul-Bennewitz-Affäre (1982), John Lear und die UFO-Verschwörung (1987), Bob Lazars Enthüllungen (1989), Die Planet-Serpo-Akte (2005)

FRAGEN BLEIBEN OFFEN: Diese Dokumente aus dem Jahr 1952 waren keine offiziellen Regierungsunterlagen, doch wird weiterhin über ihre Herkunft spekuliert.

DIE NACHT DER UFOS

1986

Der Abend des 19. Mai 1986 begann zunächst ganz normal am Flughafen São José dos Campos im brasilianischen Bundesstaat São Paulo. Doch um 20:15 Uhr bemerkte der Fluglotse Sérgio Mota da Silva drei feuerrote Lichter, die am Himmel schwebten. Er griff sich ein Fernglas und sah genauer hin. Dabei beobachtete er, dass die Lichter ihre Farbe änderten und im Wechsel gelb, grün und orange leuchteten. Da er eine optische Täuschung vermutete, dimmte er die Landebahnbeleuchtung. Daraufhin stellte er fest, dass sich die Objekte der Landebahn näherten. Als er die Beleuchtung wieder voll aufdrehte, entfernten sich die Flugobjekte.

Doch war er nicht der Einzige, der etwas Seltsames am Himmel über São José dos Campos entdeckte. Zum Zeitpunkt dieser ersten Sichtung erfassten auch Radargeräte am 80 Kilometer entfernt liegenden Guarulhos International Airport unbekannte Objekte in der Gegend. Währenddessen flog Oberst Ozires Silva, der Gründer des brasilianischen Flugzeugbauers Embraer, von Brasilia zurück nach São José dos Campos. Er saß selbst am Steuerknüppel, als er um 21:08 Uhr die Lichter bemerkte und versuchte, sich ihnen zu nähern. Die Lichter aber drehten ab und stoben auseinander.

Um 21:39 Uhr wurde die brasilianische Luftwaffe alarmiert, und kurz darauf starteten Kampfjets von den Stützpunkten in Santa Cruz und Anápolis. Drei Piloten nahmen Sichtkontakt mit unbekannten Lichtphänomenen am Himmel auf, doch flogen diese mühelos davon. Der Pilot eines Mirage IIIe-Überschall-Abfangjägers konnte sich einem der Lichter bis auf drei Kilometer nähern. Daraufhin schlug es mit hoher Geschwindigkeit einen Zickzackkurs ein und entfernte sich mit geschätzten Mach 15.

Die Unterlagen der brasilianischen Luftwaffe zu dieser Begegnung wurden 2009 freigegeben. Es gab nie eine Erklärung für die in dieser Nacht gesichteten Phänomene.

SIEHE AUCH: UFOs über Washington, D.C. (1952), Die Teheraner Sichtungen (1976), Der Manises-Vorfall (1979), Der Tic-Tac-Vorfall (2004), Die Sichtung am O'Hare Airport (2006)

RECEBEMOS VÁRIOS RELATOS DE AVISTAMENTOS DE ÓVNIS (WIR HABEN MEHRERE BERICHTE ÜBER UFO-SICHTUNGEN ERHALTEN): Diese Abbildung zeigt den Hemdsärmel eines Piloten mit aufgenähter brasilianischer Nationalflagge.

DIE SICHTUNG AUF FLUG 1628

1986

Flug 1628 der Japan Airlines war ein routinemäßig durchgeführter Frachtflug von Paris nach Tokio, der auf einer Großkreisroute über den nördlichen Teil Nordamerikas führte. Am 17. November 1986 saß Kapitän Kenji Terauchi am Steuerknüppel der Boeing 747-Frachtmaschine. Um 17:11 Uhr Ortszeit überflog er gerade den Osten Alaskas in einer Höhe von 10.000 Metern, als er drei leuchtende Objekte sichtete, die mit seinem Flugzeug Schritt hielten. Zwei waren klein, das dritte aber von der doppelten Größe eines Flugzeugträgers. Terauchi machte die beiden weiteren Besatzungsmitglieder auf die Objekte aufmerksam, die sie ebenfalls sahen.

Sechs Minuten nach der Sichtung funkte Kapitän Terauchi den Flughafen von Anchorage an, der als Zwischenstopp vorgesehen war, und bat um Rat. Dort empfahl man ihm das Ausführen von Ausweichmanövern. Terauchi ging auf eine niedrigere Flughöhe und flog die Maschine in einem Kreis. Doch die drei Objekte folgten ihm weiterhin. Derweil meldete das Flughafenradar von Anchorage ein Objekt unweit der 747, und auch lokale militärische Radargeräte erfassten Signale. Die Objekte hafteten sich an den Flieger über eine Strecke von etwa 600 Kilometern, bevor sie abdrehten. Als Flug 1628 in Anchorage landete, wurden der Kapitän und die Crew von Ermittlern der Bundesluftfahrtbehörde FAA befragt. Sie beschrieben die Besatzung als „normal, professionell, rational“ und fanden keine Hinweise auf Drogen- oder Alkoholkonsum.

Diese Sichtung ereignete sich auf dem Höhepunkt der Kampagne, die in den 1980er-Jahren geführt wurde, um die Existenz von UFOs zu widerlegen. Von daher überrascht es nicht, dass Skeptiker miteinander wetteiferten, die Zeugenberichte wegzuerklären. Sie beharrten darauf, dass die Planeten Venus und Jupiter von der Besatzung irrtümlicherweise für ein Objekt von der doppelten Größe eines Flugzeugträgers gehalten worden seien. Die von zivilen und militärischen Anlagen gelieferten Radarbilder wären zudem auf „Störsignale“ zurückzuführen. Es gab keine weitere plausible Erklärung für die Flugobjekte.

SIEHE AUCH: Die Chiles-Whitted-Sichtung (1948), Die Nash-Fortenberry-Sichtung (1952), Die Alderney-Sichtung (2007)

„NORMAL, PROFESSIONELL, RATIONAL“: Obwohl die Bundesluftfahrtbehörde (FAA) Kenji Terauchi und seine Crew für glaubwürdig hielt, maß sie auf der am 5. März 1987 in Anchorage abgehaltenen Pressekonferenz dennoch der Sichtung keine Bedeutung bei.

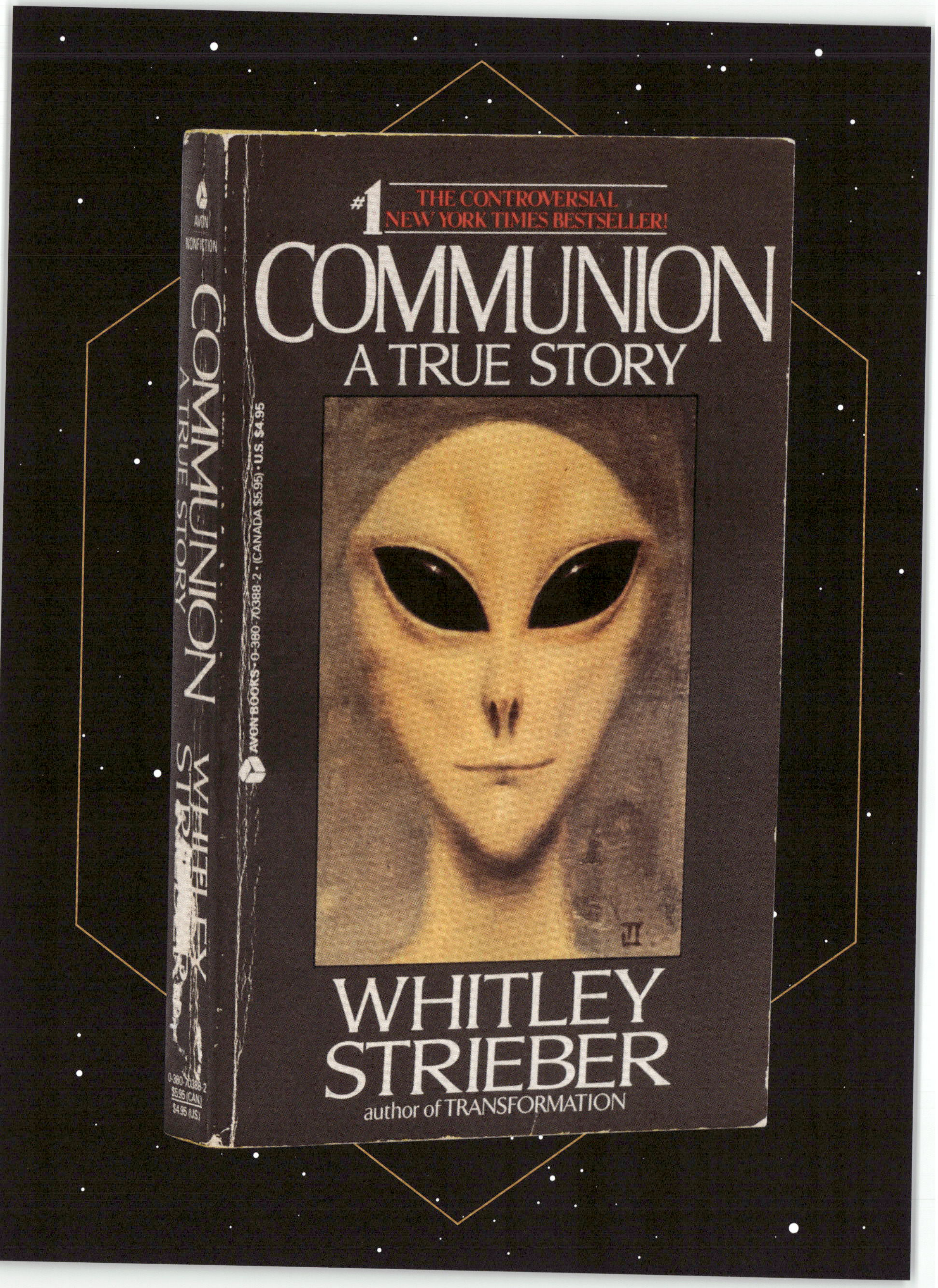
#1
THE CONTROVERSIAL
NEW YORK TIMES BESTSELLER!
COMMUNION
A TRUE STORY
WHITLEY
STRIEBER
author of TRANSFORMATION
AVON BOOKS • 0-380-70388-2 • (CANADA $5.95) • U.S. $4.95

DIE BESUCHER

1987

Die Abbildung auf dem Buchcover brannte sich ins kollektive Gedächtnis ein: Sie zeigte ein außerirdisches Wesen mit riesigen, schwarzen, mandelförmigen Augen, einem spitzen Kinn, winziger Nase und schmalem Mund. Whitley Striebers Buch *Communion: A True Story* (1987) (dt. *Die Besucher*. Eine wahre Geschichte) war der erste UFO-Titel, der es auf die Bestsellerliste der *New York Times* schaffte. Er hielt sich dort sechs Monate. Durch seine Popularität wandelten sich UFO-Erzählungen auf der ganzen Welt von Grund auf.

Bis dahin war Whitley Strieber vor allem als Autor von Horrorromanen hervorgetreten. Nach eigenen Angaben war er 1985 mehrmals von Außerirdischen aus der Waldhütte seiner Familie in den Catskill Mountains entführt worden. Seine Flashbacks an die Entführungen, bei denen er medizinischen und sexuellen Experimenten ausgesetzt worden sei, wurden durch eine Reihe von Hypnotherapiesitzungen ausgelöst. Sie fanden im Frühjahr 1986 unter Leitung des UFO-Forschers Budd Hopkins statt. Dies alles, in lebendigem Stil geschrieben, floss in Striebers Buch mit ein.

Die Reaktionen hierauf erinnerten in eigentümlicher Weise an jene auf Richard Shavers „Dero"-Geschichten. Hunderttausende Leser schrieben Strieber, um ihre eigenen Geschichten von Entführungen durch Außerirdische zu erzählen. Skeptiker hingegen demontierten die im Buch aufgestellten Behauptungen. Ihrer Meinung nach hatte Strieber lediglich einen lukrativeren Weg zur Vermarktung seiner Horror-Themen gefunden. Andere Entführte wiederum und UFO-Forscher wie Budd Hopkins empörten sich über die Vorstellung, dass Entführungserfahrungen auch einen positiven Aspekt haben könnten.

Strieber verfasste noch fünf weitere Bücher über seine Begegnungen mit Außerirdischen. Doch keines von ihnen war kommerziell so erfolgreich. Er selbst avancierte zu einer wichtigen Persönlichkeit in den Medien für alternative Realitäten. Mit den *Besuchern* wurde das Thema der Entführung durch Außerirdische fest in der Populärkultur verankert.

SIEHE AUCH: *Das Buch der Verdammten* (1919), Das Shaver-Geheimnis (1945), *When Prophecy Fails* (1954), *Erinnerungen an die Zukunft* (1968), *Die Apokalyptischen Reiter* (1991)

UNTER HYPNOTHERAPIE AUFGEDECKT: Das unheimliche Gesicht auf der Umschlagvorderseite von Whitley Striebers Buch *Communion* (dt. *Die Besucher*) ist den Erinnerungen nachempfunden, die der Autor nach mehreren hypnotherapeutischen Sitzungen wiedererlangte.

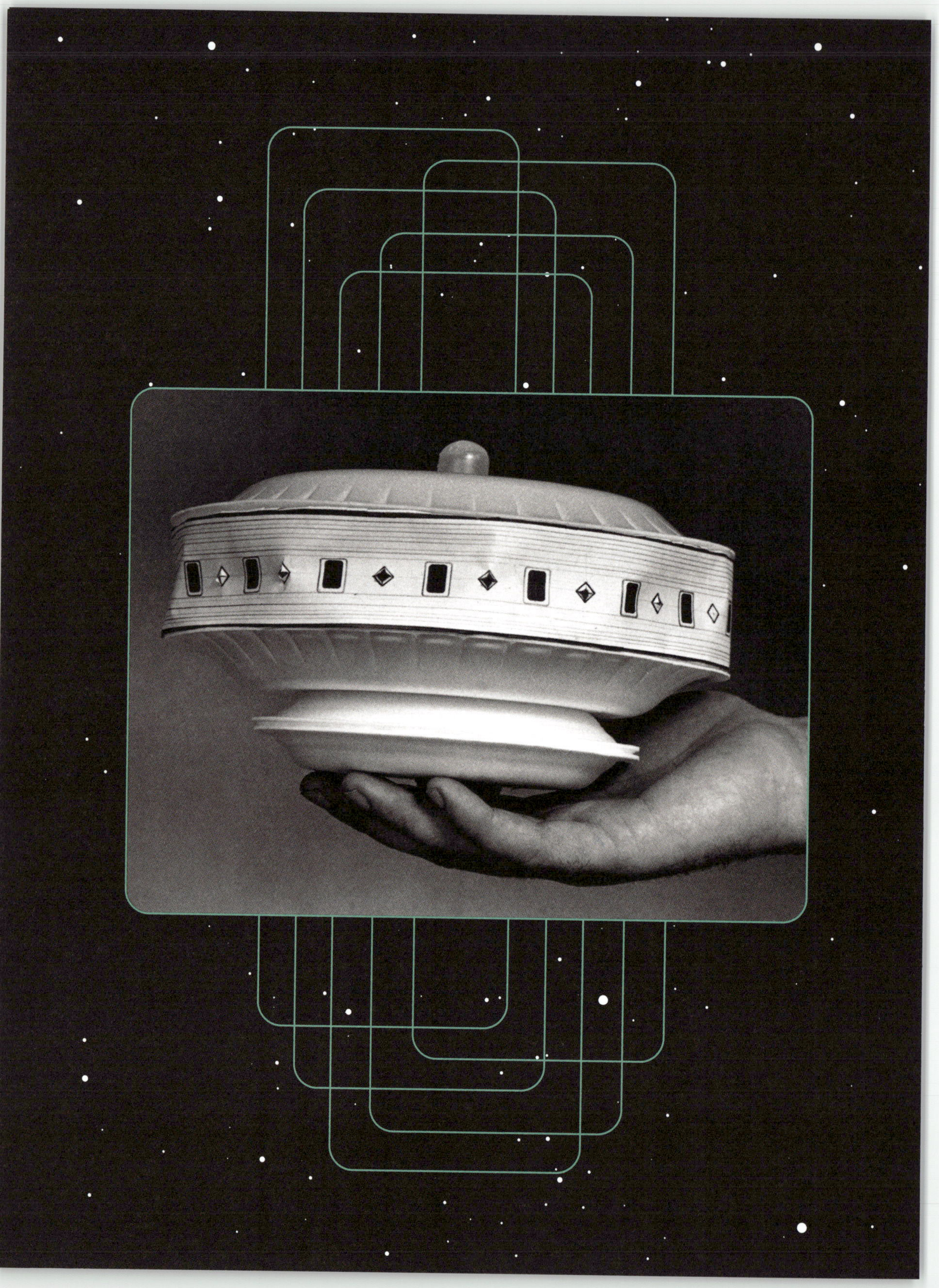

DIE GULF-BREEZE-BEGEGNUNGEN

1987

Gulf Breeze ist ein kleiner Vorort von Pensacola im Nordwesten Floridas. Am Abend des 11. November 1987 arbeitete der Bauunternehmer Ed Walters noch spät im Homeoffice. Da fiel ihm seiner Aussage nach ein Licht auf, das von oben in den Hof schien. Er ging hinaus, um nachzusehen, und entdeckte ein leuchtendes, kreiselförmiges Flugobjekt. Nachdem er seine Polaroidkamera herausgeholt hatte, machte er mehrere Aufnahmen davon. Danach lief er auf die Straße, um näher an das Objekt heranzukommen. Auf einmal traf ihn ein blau-weißer Lichtstrahl und hob ihn vom Boden ab. Eine Stimme sagte: „Keine Sorge, wir tun dir nichts." Eine Reihe von Bildern schoss ihm durch den Kopf. Als er wieder aufwachte, konnte er sich nicht erinnern, was im Anschluss daran geschehen war.

Walters' Fotos wurden in der darauffolgenden Woche in der Lokalzeitung abgedruckt und lösten höchst kontroverse Reaktionen aus. Mehrere Fotoanalytiker hielten die Aufnahmen für gefälscht, doch berichteten weitere dreißig Personen von seltsamen Lichtphänomenen. In den darauffolgenden Wochen schilderte Walters erneut Begegnungen mit unidentifizierten Flugobjekten sowie kleinen außerirdischen Wesen mit großen Augen und veröffentlichte auch neue Fotos. Die UFO-Community war gespalten: Manche Organisationen sprachen sich für, andere gegen die Glaubwürdigkeit von Walters' Angaben aus.

Um der ständigen Belästigung durch die Medien zu entkommen, zogen Walters und seine Frau 1989 um. Der neue Eigentümer ihres Hauses entdeckte 1990 auf dem Dachboden ein aus Papier gefertigtes Modell, das exakt Walters' UFO-Fotos entsprach. Skeptiker werteten dies als einen Beweis dafür, dass seine Aufnahmen gefälscht worden waren. Walters selbst und seine Unterstützer wiederum behaupteten, das Modell sei von Skeptikern dort platziert worden. Über dreißig Jahre später werden die Fotos aus Gulf Breeze nach wie vor kontrovers in der UFO-Forschung diskutiert.

SIEHE AUCH: Der Mariana-Film (1950), Die Ummo-Affäre (1966), Der Tic-Tac-Vorfall (2004)

EIN LEUCHTENDES KREISELFÖRMIGES OBJEKT: Dieses Modell, wie es auf einer Aufnahme aus den 1980er-Jahren zu sehen ist, ähnelt dem von Ed Walters beobachteten Fluggerät.

DIE NAHBEGEGNUNG IM ILKLEY MOOR

1987

Die Moors von Yorkshire sind öde Landstriche und zu karg für die Landwirtschaft. So auch Ilkley Moor, ein unter UFO-Forschern seit Langem bekannter Ort zahlreicher Sichtungen. Am Morgen des 1. Dezember 1987 machte sich der pensionierte Londoner Polizist Philip Spencer* auf den Weg, um Ilkley Moor zu Fuß zu durchqueren. Er wollte seinen Schwiegervater in einem nahegelegenen Dorf besuchen und nahm seine Kamera sowie einen Kompass mit, der ihm bei Nebel den Weg durch das Moor weisen sollte.

Auf halber Strecke sah er plötzlich eine dunkelgrüne Gestalt auf dem Wanderweg vor sich. Laut seinen Angaben war sie etwa 1,20 Meter groß, mit übergroßem Kopf und langen, spindeldürren Gliedmaßen. Ihre eigentümliche Geste deutete Spencer als Warnung, Abstand zu wahren. Er zückte seine Kamera und nahm das Wesen auf, worauf es im Nebel entschwand. Kurz danach sah Spencer ein weißes scheibenartiges Flugobjekt, das aus dem Moor aufstieg und davonflog. Nachdem er ein nahegelegenes Städtchen erreicht hatte, stellte Spencer fest, dass seine Wanderung zwei Stunden länger gedauert hatte als üblich. Darüber hinaus hatte sich sein Kompass so stark verstellt, dass die Nadelspitze nach Süden zeigte.

UFO-Forscher leiteten das belichtete Foto an Experten weiter, die keine Hinweise auf Manipulationen erkennen konnten. Allerdings war die Aufnahme so unscharf, dass sich keine Schlüsse aus ihr ziehen ließen. Später absolvierte Spencer eine hypnotische Regression und beschrieb die üblichen Erfahrungen einer Entführung: Er sei an Bord eines Raumschiffs gebracht und einer medizinischen Untersuchung unterzogen worden. Seine Begegnung gehört zu den berühmtesten UFO-Sichtungen Großbritanniens.

SIEHE AUCH: Das Flatwoods-Monster (1952), Mothman! (1966), Die Varginha-Nahbegegnungen (1996)

* Ein Pseudonym – der Augenzeuge bestand während der gesamten Ermittlungen darauf, anonym zu bleiben.

IM ÖDLAND: Ilkley Moor in West Yorkshire ist ein düsterer Ort.

JOHN LEAR UND DIE UFO-VERSCHWÖRUNG

1987

Einen düsteren Tonfall schlug John Lear mit seinem Post im Onlineforum ParaNet an. In einer Mitteilung vom 29. Dezember 1987 warf er der Regierung der Vereinigten Staaten vor, die Bevölkerung an böswillige Außerirdische verraten zu haben. Lear war der Sohn des Multimillionärs Bill Lear, hatte sich seinem Vater aber entfremdet. Der Berufspilot war für Air America, die zivile Fluggesellschaft der CIA, tätig gewesen. Als Geheimdienstmitarbeiter und Spross einer sehr wohlhabenden Familie hielten ihn viele für einen Insider – das verlieh seinen Anschuldigungen größere Glaubwürdigkeit, als ihnen sonst zugebilligt worden wäre.

Lear behauptete, dass Regierungen auf der ganzen Welt seit 40 Jahren zusammenarbeiteten, um die Existenz von UFOs zu vertuschen. Die Reaktion der USA auf die Anwesenheit von Außerirdischen werde durch die von Truman gegründete Gruppe Majestic-12 gesteuert. Auch sei die US-Regierung in den Besitz mehrerer abgestürzter Untertassen gelangt und habe Verhandlungen mit Außerirdischen geführt. Insgesamt zeichnete Lear ein Schrecken erregendes Bild. Die Außerirdischen, so sagte er, verstümmelten Rinder, entführten Menschen und betrieben eine unterirdische Basis bei Dulce in New Mexico, in der sie Zuchtexperimente an Menschen durchführten. Die US-Regierung habe dem zunächst zugestimmt, wolle nun aber ihr Einverständnis widerrufen, ohne die Existenz der Außerirdischen zu enthüllen.

Nichts von alledem war neu. Das meiste war bereits seit den Majestic-12-Dokumenten und den an Paul Bennewitz übermittelten Desinformationen bekannt. Darüber hinaus konnte Lear keine weiteren Beweise für seine Vorwürfe vorlegen, was aber keine Rolle spielte. Das Misstrauen gegenüber der US-Regierung zog im kulturellen Kontext der späten 1980er-Jahre immer weitere Kreise. Lears Behauptungen trafen auf ein empfängliches Publikum. Damit war die Grundlage für noch radikalere Anschuldigungen gelegt, die folgen sollten.

SIEHE AUCH: Area 51 (1955), Die Paul-Bennewitz-Affäre (1982), Die Majestic-12-Dokumente (1984), Bob Lazars Enthüllungen (1989), Die Planet-Serpo-Akte (2005)

IST DIE WAHRHEIT ANS LICHT GEKOMMEN? John Lears Beschuldigungen, dass Rinder von Außerirdischen verstümmelt würden, waren nicht neu, doch im kulturellen Klima der 1980er-Jahre und aufgrund von Lears familiärem Hintergrund wurde ihnen teilweise Glauben geschenkt.

DIE BEGEGNUNG DER FAMILIE KNOWLES

1988

Die Nullarbor-Ebene ist eine der entlegensten Regionen Australiens – ein riesiges flaches Wüstengebiet mit wenig Verkehr und noch weniger Ortschaften. Dort war Faye Knowles im Auto zusammen mit ihren Söhnen Patrick, Sean und Wayne sowie ihren beiden Hunden in den frühen Morgenstunden des 20. Januar 1988 unterwegs. Gegen 4:00 Uhr sahen sie ein helles Licht, das direkt oberhalb der Straße vor ihnen schwebte. Als sie sich näherten, erblickten sie ein seltsames eiförmiges Objekt. Es war etwa einen Meter breit, in der Mitte gelb und von strahlend weißem Licht umgeben. Eine Zeitlang bewegte es sich ziellos über der Fahrbahn hin und her, dann flog es plötzlich auf den Wagen der Familie Knowles zu.

Was genau dann geschah, lässt sich nur schwer sagen. Mutter und Söhne waren verängstigt und hatten die Orientierung verloren. Auch gaben sie an, dass ihre Stimmen langsamer wurden, so wie beim Abspielen einer Aufnahme in Zeitlupe. Zu einem späteren Zeitpunkt berichteten sie jedoch, dass ein klopfendes Geräusch am Autodach zu hören war und sie spüren konnten, wie der Wagen in die Luft gehoben wurde. Faye und Patrick öffneten die Fenster, um nachzusehen, was vor sich ging. Schwaden schwärzlichen Staubs und ein leichenartiger Geruch drangen ein. Dann setzte das Auto wieder auf der Fahrbahn auf, wobei ein Hinterreifen platzte. Die Familie verließ fluchtartig den Wagen und versteckte sich im niedrigen Buschwerk am Straßenrand, das Licht aber war mittlerweile verschwunden.

Nach etwa einer Viertelstunde stiegen die Knowles' wieder ins Auto und fuhren weiter nach Mundrabilla, der nächsten Ortschaft auf ihrem Weg. In Cedruna meldeten sie den Vorfall sichtlich erschüttert der Polizei. Augenzeugen beschrieben schwarzen Staub, der die Karosserie bedeckte, und vier merkwürdige Dellen im Autodach. Auch ein Lkw-Fahrer, der vor den Knowles' dieselbe Strecke gefahren war, hatte in der Nacht ein seltsames Licht entdeckt – ebenso wie Fischer auf einem Boot vor der Küste. Die Ereignisse dieser Nacht bleiben gänzlich ungeklärt.

SIEHE AUCH: Die Entführung von A. Vilas-Boas (1957), Die Entführung von Barney und Betty Hill (1961), Die Hickson-Parker-Entführung (1973), Die Emilcin-Entführung (1978), Die Zanfretta-Begegnung (1978), Die Entführung der Cahills (1993)

SCHWARZER STAUB: Dies ist der einsame Straßenabschnitt auf der Nullarbor Open Road in Westaustralien, wo sich ein unerklärliches Vorkommnis zugetragen hat.

DIE WORONESCHER NAHBEGEGNUNG

1989

Viele UFO-Sichtungen finden in abgelegenen ländlichen Gebieten statt – anders jedoch die Begegnung in Woronesch. Die Stadt im Südwesten Russlands ist ein geschäftiges industrielles Zentrum mit nahezu einer Million Einwohnern. Zahlreiche Augenzeugen beobachteten dort ab dem 23. September 1989 seltsame, über der Stadt schwebende Lichter. Am Abend des 27. September hielten sich zwei Jugendliche in einem Stadtpark auf. Um 18:30 Uhr fiel ihnen ein rötliches Licht am Himmel auf, das herabsank, bis eine rote Kugel von zehn Metern Durchmesser erkennbar wurde. Sie kreiste knapp 12 Meter über dem Boden und flog dann davon.

Doch einige Minuten später kehrte sie zurück. Inzwischen hatten sich weitere Menschen im Park versammelt und sahen zu, wie die Kugel landete. An der Unterseite öffnete sich eine Luke, und zwei Wesen erschienen. Eines war humanoid, aber fast drei Meter groß. Es trug einen silbernen Raumanzug und bronzefarbene Stiefel, besaß scheinbar drei Augen, und auf der Brust war ein scheibenförmiges Objekt zu erkennen. Die andere Gestalt hatte einen rechteckigen Körper mit Armen und Beinen, die sich mechanisch bewegten. Zeugenberichte beschrieben sie als eine Art Roboter.

Einige Minuten verstrichen, während die Menschenansammlung gebannt zusah. Dann entschwanden die Besucher mitsamt der Kugel schlagartig. Als fünf Minuten später die Kugel und das große Wesen wieder auftauchten, hielt Letzteres eine Art Röhre in der Hand, die es auf einen der Jugendlichen richtete, der plötzlich unauffindbar war. Daraufhin begab sich das Wesen wieder in die Kugel, die vom Boden aufstieg und sich entfernte. In diesem Augenblick war der verschwundene Junge auf einmal wieder da.

Im Zuge der Untersuchungen konnten viele Einwohner ermittelt werden, die die Kugel gesehen hatten. Auch fanden sich an der Landestelle vier Abdrücke im Boden. Die Messergebnisse erbrachten, dass dort ein schwerer Gegenstand mit einem Gewicht von elf Tonnen gestanden hatte.

SIEHE AUCH: Die Marius-Dewilde-Begegnung (1954), Das Geheimnis der geraden Linien (1954), Die Socorro-Landung (1964), Die Nahbegegnung am Dechmont Law (1979)

EIN RIESIGES OBJEKT AUS METALL: Mehrere Einwohner der russischen Stadt Woronesch wurden Augenzeugen, wie drei Meter große Wesen aus einem unidentifizierten Flugobjekt stiegen.

AREA
51
WARNING
RESTRICTED AREA
Use of deadly force authorized
NO TRESPASSING

BOB LAZARS ENTHÜLLUNGEN

1989

Las Vegas ist bekannt für alles Schrille und Grelle. Doch die Fernsehsendung, die am 11. November 1989 im lokalen Sender KLAS über die Bildschirme flimmerte, war selbst für dortige Verhältnisse aufsehenerregend. Ein Mann, der sich als Bob Lazar vorstellte, behauptete damals, er habe in einer geheimen Einrichtung der US-Regierung unweit der Area 51 gearbeitet und bei der Rückentwicklung von Antigravitationsantrieben abgestürzter UFOs mitgewirkt.

Laut eigenen Angaben hatte er zunächst Physik und Elektronik am MIT und California Institute of Technology studiert und war für mehrere geheime Regierungsprojekte tätig. Anschließend sei er in ein geheimes UFO-Forschungsprogramm gewechselt. In diesem Zusammenhang habe er mehrere Jahre lang in der Einrichtung S-4 gearbeitet, die in der Wüste von Nevada nahe des Papoose Lake und südlich der Area 51 liege. Zu seiner Überraschung habe er dort neun UFOs in einem geheimen, in den Berghang hineingebauten Hangar gesehen. Auch habe er erfahren, dass die US-Regierung im Besitz außerirdischer Leichname sei.

Die abgestürzten UFOs, so Lazar, stammten aus dem Zeta-Reticuli-Sternsystem und seien von kleinwüchsigen, großäugigen grauen Außerirdischen gesteuert worden. Ihre Antimateriereaktoren würden mit einem der Wissenschaft unbekannten stabilen Isotop von Element 115 betrieben. Die UFOs flögen mithilfe von Gravitationswellengeneratoren, die auch Lichtwellen zur Tarnung der Raumschiffe biegen könnten.

Lazars Behauptungen erregten das Interesse der Massenmedien. Im Kreis der UFO-Forschung lösten sie einen regelrechten Hype aus. Führende UFO-Ermittler bezogen für oder gegen Lazar Stellung. Kritiker verwiesen darauf, dass sich seine Angaben zur Ausbildung und zum beruflichen Werdegang nicht verifizieren ließen; Lazar gab seinerseits an, die Unterlagen seien vernichtet worden. Wie so oft wurde auch diese Kontroverse nie geklärt, und bis heute sind die US-amerikanischen UFO-Forscher in Bezug auf Lazar in Lager gespalten.

SIEHE AUCH: Area 51 (1955), Die Paul-Bennewitz-Affäre (1982), Die Majestic-12-Dokumente (1984), John Lear und die UFO-Verschwörung (1987), Die Planet-Serpo-Akte (2005)

DAS GEHEIMNIS VON S-4: Bob Lazar behauptete, die US-Regierung sei im Besitz außerirdischer Leichname, doch konnten seine Angaben nie bestätigt werden.

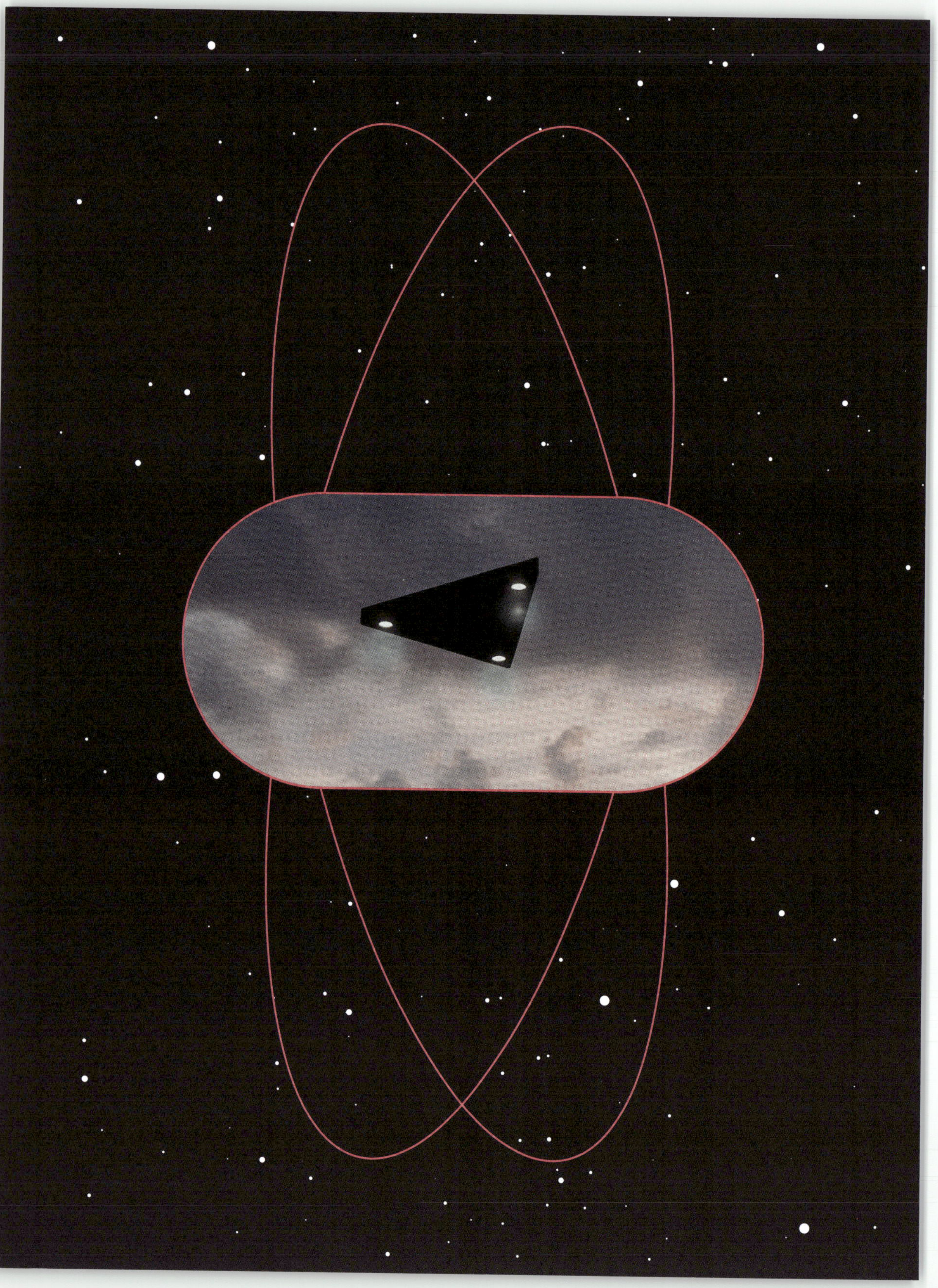

SCHWARZE DREIECKE ÜBER BELGIEN

1989

Die dramatischste unter den zahlreichen Sichtungen in Belgien ereignete sich in der Nacht des 29. November 1989. Nahe der Stadt Eupen, nur wenige Kilometer von der deutschen Grenze entfernt, befanden sich die beiden Gendarmen Heinrich Nicoll und Hubert von Montigny gerade auf einer Routinepatrouille, als sie ein erstaunliches Objekt sahen, das über einem Feld schwebte: ein riesiges schwarzes Dreieck mit Lichtern an jeder Spitze und einem roten, kreisenden Licht in der Mitte. Zunächst verharrte es bewegungslos, flog kurz darauf aber langsam und geräuschlos in Richtung Eupen davon. Dort wurde es von mehr als dreißig erstaunten Augenzeugen beobachtet.

Dies bildete den Auftakt zu mehr als 2.000 Sichtungen schwarzer Dreiecke, die zwischen November 1989 und April 1990 in Belgien verzeichnet wurden. Fast alle Berichte ähneln sich in der Beschreibung – ein schwarzes Dreieck mit Lichtern an den Spitzen, das langsam und lautlos in geringer Höhe flog. Vertreter der belgischen Luftwaffe vermuteten Testflüge eines experimentellen Fluggeräts der US-Luftwaffe. Daher fragten sie bei der US-Botschaft an, die mit den üblichen Dementis reagierte. Sofort meldeten sich auch Skeptiker zu Wort und beharrten darauf, dass es sich um Sterne, Hubschrauber oder Reste eines sowjetischen Satelliten gehandelt habe – diese Erklärungen stellten jedoch die Augenzeugen nicht zufrieden.

Ihren Höhepunkt erreichte die Sichtungswelle in der Nacht vom 30. auf den 31. März 1990. Zwei militärische Radaranlagen erfassten damals ein Objekt am Himmel, und mehrere Gendarmen beobachteten das fliegende Dreieck. Zwei F-16-Kampfflugzeuge der belgischen Luftwaffe starteten daraufhin, um es abzufangen. Allen Bemühungen zum Trotz konnten die Piloten das Flugobjekt nicht sehen, hatten aber immer wieder kurzen Radarkontakt – dabei beschleunigte es jedes Mal mit einer Geschwindigkeit, die kein bekanntes Flugzeug erzielen konnte. Diese und weitere Sichtungen von Dreiecken in Belgien bleiben ungeklärt.

SIEHE AUCH: Der Westchester-Bumerang (1983), Die Tinley-Park-Sichtungen (2004)

DIE ÄRA DES SCHWARZEN DREIECKS BRICHT AN: Zwischen November 1989 und April 1990 wurden in Belgien mehr als 2.000 Sichtungen schwarzer dreieckiger Flugobjekte gemeldet.

DER MEGAPLATANOS-ABSTURZ

1990

Megaplatanos – in der UFO-Literatur gerne auch „Megas Platanos“ genannt – ist ein Dorf in Zentralgriechenland, das etwa eine Autostunde nördlich von Athen liegt. Am Abend des 2. September 1990 bemerkten Dorfbewohner gegen 21:30 Uhr sechs ungewöhnliche Lichter: Aus nördlicher Richtung kommend, bewegten sie sich über den Himmel. Eines von ihnen wechselte dann die Farbe, begann zu trudeln und stürzte herab. Das Objekt zerschellte an den Hängen des Berges Tymfristos, unweit einer kleinen Bergkapelle, die nur wenige Kilometer von Megaplatanos entfernt war.

Gerade einmal 400 Meter vom Ort des Absturzes befand sich zufällig der Schäfer Trantos Karatranjos. Er beobachtete, wie das Objekt aufprallte und in Flammen aufging. Als das umliegende Buschwerk Feuer fing, schwebten die anderen fünf Lichter zunächst über der Absturzstelle. Zwei von ihnen sanken auf einmal herab. Sofort erlosch das Feuer, wie Karatranjos erzählte. In den darauffolgenden Stunden sahen die Dorfbewohner noch kleinere Lichter, die sich nach unten und wieder nach oben bewegten.

Bei Tagesanbruch begab sich eine Gruppe Einheimischer zur Absturzstelle. Sie fanden eine verbrannte ovale Fläche vor, die mit Metallfragmenten und Drahtstücken übersät war. Kurz darauf traf die Polizei ein. Einige Stunden später folgte ein Ermittlerteam vom Luftwaffenstützpunkt Tanagra. Am 19. Oktober gab die griechische Luftwaffe bekannt, dass sich Elektronikteile irdischen Ursprungs unter den Trümmern befanden. Offiziell wurde das Ereignis als Absturz eines funktionsuntüchtigen russischen Satelliten eingestuft.

Diese Erklärung stellte die Augenzeugen aber nicht zufrieden, und es zirkulierten sofort Vorwürfe einer Vertuschungsaktion. Der Megaplatanos-Absturz wurde bekannt als „Roswell-Vorfall Griechenlands“ und ist bis heute Gegenstand zahlreicher Behauptungen und Gegenbehauptungen.

SIEHE AUCH: Der Aurora-Absturz (1897), Das Tunguska-Ereignis (1908), Der Roswell-Absturz (1947), Der Kecksburg-Absturz (1965), Der Shag-Harbour-Absturz (1967), Die Varginha-Nahbegegnungen (1996)

BRUCHLANDUNG: Das unerklärliche Vorkommnis in Megaplatanos wird auch als „das Roswell Griechenlands“ bezeichnet.

BEKENNTNIS DER KORNKREISMACHER

1991

Die ersten Kornkreise tauchten 1978 auf Feldern im Südwesten Englands auf. Zunächst bildeten sie einfache kreisförmige Bereiche, in denen Weizen-, Gersten- oder andere Getreidehalme über Nacht umgeknickt wurden, sodass ein spiralförmiges Muster entstand. Was aber war die Ursache? Niemand wusste es, und so wurde wild drauflos spekuliert. Gelegentlich berichteten Augenzeugen auch von Lichtern, die sich auf den Feldern bewegten. Dies genügte, um die Überzeugung aufkommen zu lassen, dass UFOs in irgendeiner Weise involviert sein mussten.

Um die Kornkreise entwickelte sich 1991 ein regelrechter Medienzirkus. Sie stellten eine zuverlässige Einnahmequelle für englische Landwirte dar, die mit ihnen mehr Geld verdienen konnten als mit dem Verkauf ihrer Ernte. Touristenbusse rollten von Kreis zu Kreis durch die Landschaft, und Souvenirstände schossen aus dem Boden. Allmählich nahmen die Kornkreise immer komplexere Formen an, so als würden sie miteinander um Aufmerksamkeit konkurrieren. Erst da wandten sich Doug Bower und Dave Chorley an die Öffentlichkeit.

In Interviews behaupteten sie, das Phänomen 1978 als einen Scherz initiiert zu haben, nachdem sie zuvor von den australischen „Untertassennestern" in Tully gelesen hätten. Mithilfe eines Holzbretts, eines Seils und eines einfachen Visiergeräts hätten sie sich daran gemacht, Getreidehalme kreisförmig flachzudrücken. Ab 1987 hätten dann auch andere mit dem Anlegen von Kornkreisen begonnen. Auf die medialen Enthüllungen folgte eine Welle neuer Kornkreise auf der ganzen Welt.

Im Jahr 1992 wollten die alternativen Forscher Rupert Sheldrake und John Michell der Sache auf den Grund gehen: Sie lobten einen Geldpreis für den besten von Menschenhand geschaffenen Kornkreis aus. Elf von zwölf Teams gelang es, Kreise anzulegen, die von „echten" nicht zu unterscheiden waren. Das wollten die Befürworter einer paranormalen Ursache keineswegs hinnehmen. Ihr Argument lautete, dies sei ja kein Beweis dafür, dass sämtliche Kornkreise tatsächlich menschengemacht seien. Wie so vieles muss auch diese Frage ungeklärt bleiben.

SIEHE AUCH: Der Mähteufel (1678), Die Kornkreise in Tully (1966)

EIN STREICH AUF KOSTEN DERJENIGEN, DIE AN SIE GLAUBEN: Auch wenn unwiderlegbare Beweise dafür existieren, dass manche Kornkreise von Landwirten angelegt wurden, ist doch offen, ob sie alle von Menschenhand stammen oder nicht.

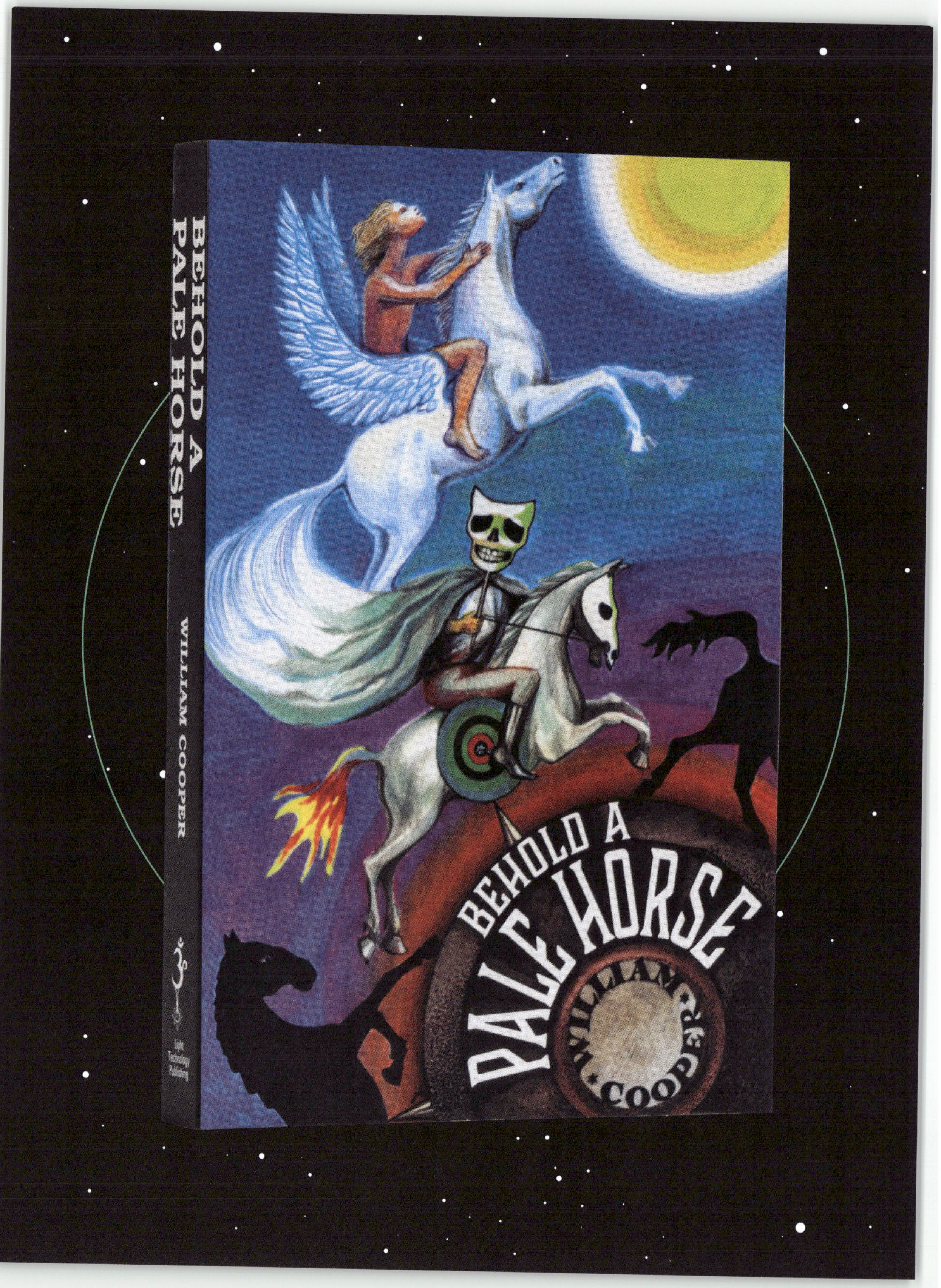
BEHOLD A PALE HORSE
WILLIAM COOPER
BEHOLD A PALE HORSE
WILLIAM COOPER

DIE APOKALYPTISCHEN REITER

1991

Milton William Cooper war ein Veteran der US-Marine, der im Vietnamkrieg gedient hatte. Laut eigenen Angaben hatte er dort 1966 mehrfach ein UFO gesehen, das ins Meer ein- und daraus wieder auftauchte. Er verbreitete ab dem Jahr 1988 im Internet Berichte über feindlich gesinnte graue Außerirdische und einen Verrat der US-Regierung – diese hatten Paul Bennewitz und John Lear bereits zu Beginn der 1980er-Jahre in Umlauf gebracht. Mit der Veröffentlichung von Coopers einflussreichem Buch *Behold a Pale Horse* (1991) (dt. *Die Apokalyptischen Reiter*) erreichte die UFO-Verschwörungskultur einen Höhepunkt.

Die *Apokalyptischen Reiter* kombinierte Erzählungen von feindlichen Außerirdischen mit fast jeder Verschwörungstheorie des 20. Jahrhunderts – vom bayrischen Illuminatenorden und der Neuen Weltordnung bis hin zu den Kennedy-Attentaten und einer bevorstehenden Eiszeit. Cooper erklärte, US-Präsident Eisenhower habe einen Vertrag unterzeichnet, der den Grauen die Entführung von Menschen und Viehverstümmelungen im Gegenzug für Technologietransfers gestattete. Die Außerirdischen wie auch die Illuminaten hätten die Absicht, die Weltherrschaft an sich zu reißen, wodurch der Weg frei für einen Kampf wäre, den die Menschheit nur verlieren könnte.

Coopers Buch fand viele Leser am Rande des politischen Spektrums. Es wurde in US-Gefängnissen gerne gelesen und dank seiner Popularität zu einer wichtigen Inspiration für „Lyrics-Attentäter" wie den Wu-Tang Clan und den Rapper Busta Rhymes. Ebenso beliebt ist es bei der erstarkenden Milizbewegung im ländlichen Amerika, nährt es doch die Überzeugung ihrer Mitglieder, die Regierung sei hinter ihnen her.

Cooper selbst war überzeugt davon, dass die Regierung ihn zum Schweigen bringen würde. So kam es auch: Als er seine Steuern nicht mehr zahlte und das Feuer auf Polizisten eröffnete, die einen Haftbefehl vollstrecken sollten, starb er am 5. November 2001 im Kugelhagel. Sein Vermächtnis wirkt bis heute in der Subkultur Amerikas nach.

SIEHE AUCH: *Das Buch der Verdammten* (1919), *When Prophecy Fails* (1954), Area 51 (1955), *Erinnerungen an die Zukunft* (1968), Die Paul-Bennewitz-Affäre (1982), Die Majestic-12-Dokumente (1984), John Lear und die UFO-Verschwörung (1987), *Die Besucher* (1987), Bob Lazars Enthüllungen (1989), Die Planet-Serpo-Akte (2005)

WISSENSWERT: Das Buch *Behold a Pale Horse* (dt. *Die Apokalyptischen Reiter*) übte einen nachhaltigen Einfluss auf die Kultur aus, so auch auf die Lyrics des Rappers ODB.

DIE ENTFÜHRUNG DER CAHILLS

1993

Narre Warren North ist ein ganz gewöhnlicher Vorort von Melbourne und liegt am Fuß der australischen Dandenong Mountains. Am Abend des 7. August 1993 fuhr Kelly Cahill zusammen mit ihrem Mann Andrew zum dort gelegenen Haus eines Freundes. Auf der Fahrt bemerkte sie kurz nach 19:00 Uhr einen auffälligen Ring orangefarbener Lichter auf einem Feld. Als die Cahills auf ihrer Rückfahrt gegen 23:45 Uhr dieselbe Stelle passierten, schwebte der Lichterring über der Straße. Beide konnten sehen, dass es sich um ein kugelförmiges Objekt von der Größe eines Hauses handelte. An der Unterseite befanden sich orangefarbene Lichter. Das Objekt entfernte sich zunächst mit hoher Geschwindigkeit. Doch ein Stück weiter flutete plötzlich helles Licht durch die Windschutzscheibe des Wagens.

Auf einmal fanden sich die Cahills im stehenden Auto wieder. Zu Hause angekommen, stellten sie fest, dass die Rückfahrt über eine Stunde länger gedauert hatte als üblich. Kelly Cahill entdeckte einen seltsamen dreieckigen Fleck auf ihrem Bauch und litt in den folgenden Tagen unter ungewöhnlichen Menstruationsblutungen. Mehrere Wochen lang konnten sich beide nicht genau erinnern, was geschehen war. Doch auch ohne Hypnose wussten sie noch, dass sich ihnen seltsame humanoide Wesen mit glühend roten Augen genähert hatten. Kelly berichtete, an Bord eines UFOs gebracht worden zu sein. So wie andere Entführte der 1990er-Jahre auch hatte sie im Schlaf später mehrere Begegnungen, die sie als lebensechte Träume beschrieb.

Dies entspricht den zahlreichen Entführungserfahrungen, die in den 1990er-Jahren gemeldet wurden. Ein Umstand jedoch macht diesen UFO-Vorfall zu einem der berühmtesten Australiens: Die Cahills waren nicht die Einzigen, die in jener Nacht einem UFO in Narre Warren North begegneten. Auch drei weitere Augenzeugen, die gegen Mitternacht durch dieselbe Gegend fuhren, beobachteten ein über der Straße schwebendes hausgroßes Objekt mit orange leuchtenden Lichtern. Ihre Beschreibungen bestätigen jene der Cahills in allen Einzelheiten.

SIEHE AUCH: Die Entführung von A. Vilas-Boas (1957), Die Entführung von Barney und Betty Hill (1961), Die Hickson-Parker-Entführung (1973), Die Emilcin-Entführung (1978), Die Zanfretta-Begegnung (1978), Die Begegnung der Familie Knowles (1988)

UNERKLÄRLICHE ERINNERUNGEN: Die beiden Entführten hatten verschwommene Erinnerungen an die zusätzliche Stunde, die ihre Fahrt rätselhafterweise dauerte.

DIE NAHBEGEGNUNG AN DER ARIEL SCHOOL

1994

Ruwa ist ein kleines Dorf im ländlichen Simbabwe, etwa 20 Kilometer südöstlich der Hauptstadt Harare gelegen. Im Jahr 1994 war es nicht viel mehr als eine Straßenkreuzung mit einer Handvoll Gebäude. Nicht weit entfernt liegt die Ariel School, eine Privatschule für Kinder aus wohlhabenden Familien. Am Morgen des 16. September 1994 hatten die Schüler um 10:00 Uhr gerade Pause und befanden sich im Freien, als eine silberfarbene Scheibe am Himmel erschien. Sie landete in dem an die Schule angrenzenden Gelände, das mit Gebüsch und niedrigem Baumbestand bewachsen war. Sofort machten sich 62 neugierige Schulkinder auf den Weg, um der Sache auf den Grund zu gehen.

Aus der Scheibe tauchte eine Gruppe kleiner, schwarz gekleideter Wesen mit großen Augen auf. Viele Schüler liefen daraufhin weg, doch einige der älteren Kinder blieben, um die Wesen weiter zu beobachten. Manche Kinder berichteten von plötzlich auftretenden Gedanken – offenbar handelte es sich dabei um telepathische Mitteilungen der Wesen, die vor Umweltzerstörungen durch den Menschen warnten. Anschließend stiegen die Gestalten wieder in die Scheibe und flogen davon. Als die Kinder von ihren Beobachtungen erzählten, schenkten die Lehrer ihnen keinen Glauben. Noch am selben Abend erfuhren aber die Eltern von der Sichtung. Dies sprach sich herum, und es kamen mehrere Ermittler, um die Kinder zu befragen. Ihre Beschreibungen machten die Sichtung an der Ariel School zu einer der berühmtesten UFO-Begegnungen Afrikas.

So wie bei vielen Nahbegegnungen verbanden sich auch die Ereignisse an der Ariel School mit einer ganzen Reihe weiterer Sichtungen: In den Tagen zuvor waren bereits Feuerbälle am Himmel gesehen worden, und mehrere Personen begegneten seltsamen Wesen in der Gegend. Doch wiesen einige Zeugen auch darauf hin, dass die kleinen, schwarz gekleideten Gestalten große Ähnlichkeit mit *tikoloshes* hatten – magischen Wesen, die in Überlieferungen der Ndebele- und Shona-Völker beschrieben werden.

SIEHE AUCH: Besucher aus Magonia (815), Pfannkuchen aus dem All? (1961), Die Sichtung an der Westall School (1966), Der Sumpfgasvorfall (1966), Die Cussac-Nahbegegnung (1967), Die Ära der hohen Fremdartigkeit (1969)

HOHE FREMDARTIGKEIT ODER ZETA RETICULI? Ein „Grauer“ blickt auf uns herab – möglicherweise haben die Schüler der Ariel School ihn so beobachtet.

COPASA

DIE VARGINHA-NAHBEGEGNUNGEN

1996

Einst war die Stadt Varginha im brasilianischen Bundesstaat Minas Gerais bekannt als wichtiger Standort der Kaffeeindustrie sowie für Stahlwerke und Automobilzulieferbetriebe. Doch eine Reihe viel beachteter UFO-Sichtungen und Nahbegegnungen machten sie 1996 zu einem der berühmtesten Orte Lateinamerikas, an denen es offenbar zum Kontakt mit Außerirdischen gekommen war.

Am 20. Januar 1996 waren drei junge Frauen – die Schwestern Liliane und Valquiria da Silva sowie ihre Freundin Katia Xavier – zu Fuß unterwegs. Da sahen sie gegen 15:30 Uhr ein seltsames Wesen, das an der Ziegelsteinmauer eines verlassenen Gebäudes kauerte. Seine Haut war ledrig braun, der Kopf dreieckig mit großen roten Augen, die Gliedmaßen waren sehr kurz. Es schien nicht weniger verängstigt als die jungen Frauen. Sie rannten davon und erzählten der Mutter der Schwestern von dem Erlebnis. Diese suchte zusammen mit Katia Xavier den Ort auf. Das Wesen war verschwunden, doch in der Luft hing noch ein starker Geruch nach Ammoniak.

Noch am selben Tag durchquerte laut Augenzeugenberichten ein Konvoi von Militärfahrzeugen die Stadt mit unbekanntem Ziel. Mitarbeiter eines örtlichen Krankenhauses berichteten davon, Ärzte bei der Behandlung scheinbar nichtmenschlicher Wesen beobachtet zu haben. Zudem steuerten Militärlastwagen angeblich dasselbe Krankenhaus an, um unbekannte Gerätschaften und einen Leichensack abzuliefern. Weitere Zeugen berichteten von seltsamen Kreaturen, wie sie zuvor schon die da-Silva-Schwestern und Xavier gesehen hatten.

Schon bald kursierten Behauptungen, die brasilianische Armee habe nach einem UFO-Absturz in der Region vier Außerirdische in Gewahrsam genommen. Das brasilianische Militär dementierte und verwies darauf, dass es sich bei dem „Außerirdischen“ um einen Taubstummen handele. Weitaus pragmatischer reagierte die Stadtverwaltung: Einige Jahre später ließ sie in der Innenstadt einen Wasserturm in Form einer fliegenden Untertasse errichten. Bis heute bildet der UFO-Tourismus einen wichtigen Wirtschaftsfaktor in Varginha.

SIEHE AUCH: Der Aurora-Absturz (1897), Das Tunguska-Ereignis (1908), Der Roswell-Absturz (1947), Der Kecksburg-Absturz (1965), Der Shag-Harbour-Absturz (1967), Der Megaplatanos-Absturz (1990)

3,5 STERNE AUF TRIPADVISOR: Unabhängig davon, ob dort nun ein UFO-Absturz stattfand oder nicht, bietet sich das Umland des riesigen Denkmals für einen reizvollen Tagesausflug an.

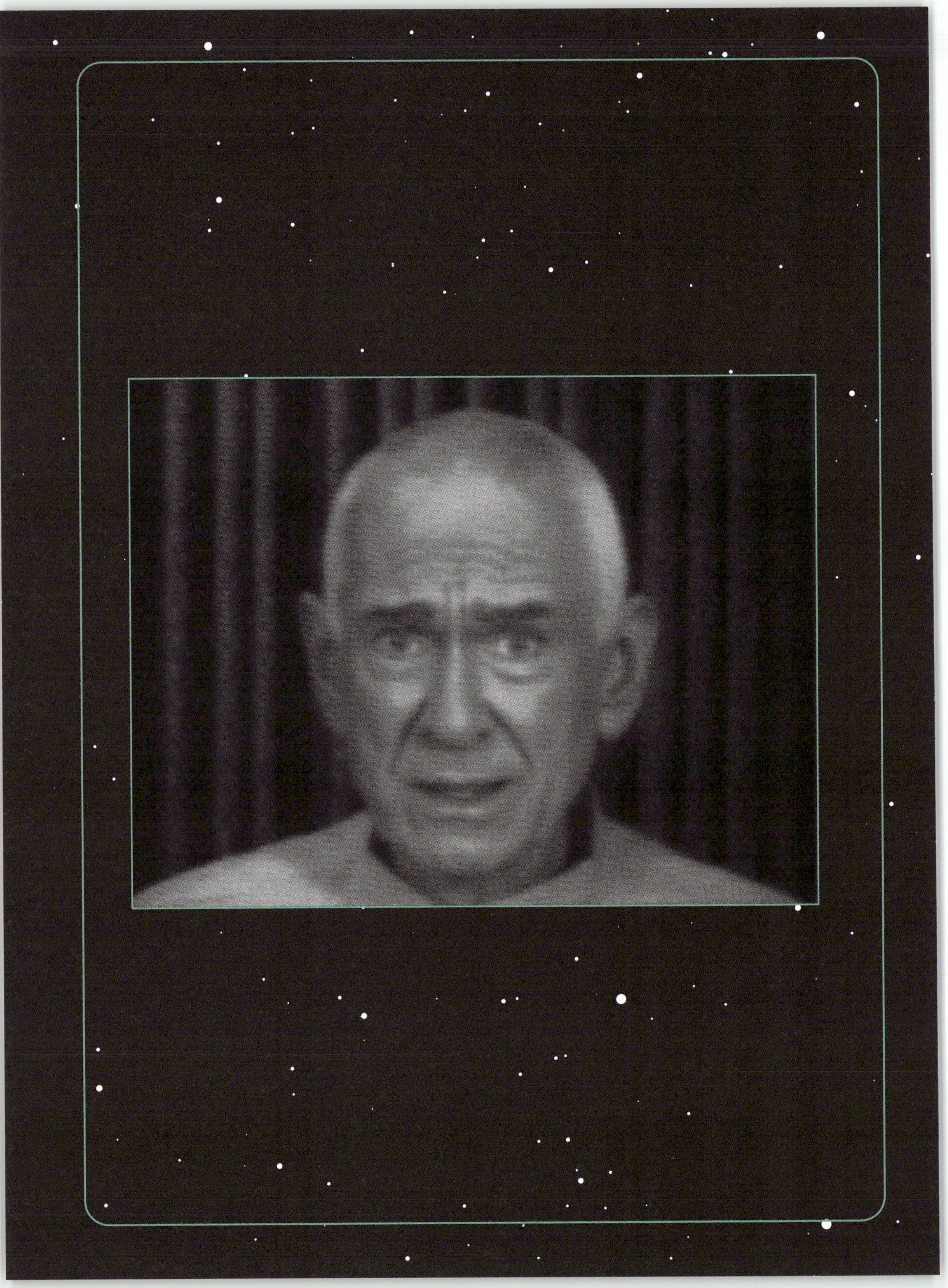

DIE HEAVEN'S-GATE-SELBSTMORDE

1997

Die Polizisten waren völlig unvorbereitet auf den Anblick, der sich ihnen in dem großen Anwesen in einem Vorort von San Diego bot: 39 Leichen, identisch gekleidet in schwarze Trainingsanzüge und Nike-Turnschuhe, die Gesichter jeweils mit einem lila Tuch bedeckt, lagen einzeln auf Betten. Für ihren Gruppensuizid hatten die Personen zunächst Schlaftabletten eingenommen und Wodka getrunken, um sich anschließend Plastiktüten über den Kopf zu ziehen. Damit endete eine der längsten und merkwürdigsten Geschichten in der Welt der UFO-Religion.

Eine der Leichen war der Anführer der Gruppe, Marshall Applewhite. Der 1931 geborene ehemalige College-Professor hatte im Jahr 1972 begonnen, seine eigene UFO-Religion zu lehren. Zusammen mit der Krankenschwester Bonnie Nettles, die zur Mystikerin wurde, gelangte er zu der Überzeugung, dass sie die in der biblischen Offenbarung beschriebenen zwei Zeugen seien. Hieraus entwickelten sie eine Reihe von Lehren, die Christentum, New-Age-Ideen und den Glauben an UFOs miteinander verknüpften.

In der Gegenkultur der 1970er-Jahre konnten sie schon bald einen Kreis von Anhängern um sich scharen. Diese glaubten, Applewhite und Nettles hätten eine der menschlichen Lebensform überlegene Entwicklungsstufe erreicht. In den nächsten zweieinhalb Jahrzehnten zogen die Mitglieder der Sekte wandernd umher und lebten teils in extremer Armut, während sie auf die Ankunft der Außerirdischen warteten. Dabei traten sie unter verschiedenen Bezeichnungen wie etwa „Human Individual Metamorphosis" und „Total Overcomers Anonymous" auf.

Nettles erlag 1985 einem Krebsleiden, woraufhin Applewhites Glaubensvorstellungen eine apokalyptische Wendung nahmen. Mit der Entdeckung des Kometen Hale-Bopp kamen im Internet Gerüchte auf, wonach in seinem Gefolge ein außerirdisches Raumschiff gesichtet worden sei. Daraufhin war Applewhite überzeugt, dass sich „Heaven's Gate", das „Himmelstor", für ihn und seine Anhänger öffnete. Sie wählten den Massensuizid, um es zu durchschreiten.

SIEHE AUCH: Die Ära der Kontaktler beginnt (1952), Die Giant Rock Convention (1953), Weltkontakttag (1953), *When Prophecy Fails* (1954), Die Billy-Meier-Kontakte (1975)

EINE SCHICKSALHAFTE PROPHEZEIUNG: Der Sektengründer Marshall Applewhite spricht seine letzte Videobotschaft in die Kamera.

DIE TINLEY-PARK-SICHTUNGEN

2004

Tinley Park liegt etwa eine Autostunde südwestlich von Chicago in Illinois. Am Abend des 21. August 2004 war in dem Städtchen mehr los als sonst: Denn das jährlich dort stattfindende Ozzfest, ein Heavy-Metal-Festival, war soeben zu Ende gegangen. Auf einmal bemerkten Hunderte Menschen – Anwohner ebenso wie Konzertbesucher – drei helle Lichter am Himmel. Sie bewegten sich in dreieckiger Formation sehr langsam und ohne jedes Geräusch.

Nach etwa 30 Minuten verschwanden die Lichter in der Dunkelheit, ohne dass erkennbar wurde, worum es sich handelte. Doch am 31. Oktober kehrten sie wieder und wurden von erstaunten Eltern, die ihre Kinder auf den Halloween-Rundgängen begleiteten, beobachtetet, fotografiert und gefilmt. Dies wiederholte sich erneut am 1. und 31. Oktober des darauffolgenden Jahres. Die Sichtungen sind zwar nach Tinley Park benannt, doch auch in den nahegelegenen Chicagoer Vororten Lake in the Hills, Matteson, Mokena, Oak Forest und Orland Park berichteten Augenzeugen von Lichtphänomenen.

Im Jahr 1983, als der Westchester-Bumerang die Ära der schwarzen dreieckigen UFOs einläutete, existierten Handys mit integrierter Kamera nur in der Science-Fiction-Literatur. Doch 2004 hatten viele Augenzeugen ihre Handys dabei. So fanden Dutzende Fotoaufnahmen und Videoclips des geheimnisvollen Objekts ihren Weg ins Internet – damit gehören die Tinley-Park-Sichtungen zu den am besten dokumentierten UFO-Begegnungen der Geschichte.

Eine sorgfältige Untersuchung des damals entstandenen Bildmaterials hat erbracht, dass die Lichter offenbar zu einem sehr großen, massiven Objekt mit einer Breite von etwa 500 Metern gehörten. Aus welchem Grund aber das berühmte schwarze Dreieck bei dieser Sichtung sämtliche Lichter bis auf drei ausschaltete, bleibt ein Rätsel.

SIEHE AUCH: Sichtung über dem Stadio Artemio Franchi (1954), Die Sichtungen über der Boiani-Mission (1959), Der Westchester-Bumerang (1983), Die Woronescher Nahbegegnung (1989), Schwarze Dreiecke über Belgien (1989), Die Nahbegegnung an der Ariel School (1994)

AUSSERIRDISCHE AUF DEM OZZFEST: Eine eigentümliche Lichtformation wurde von mehreren Konzertbesuchern gesichtet. Auch am Halloweenabend konnten kostümierte Feiernde – wie hier in der Abbildung zu sehen – erneut Lichter beobachten.

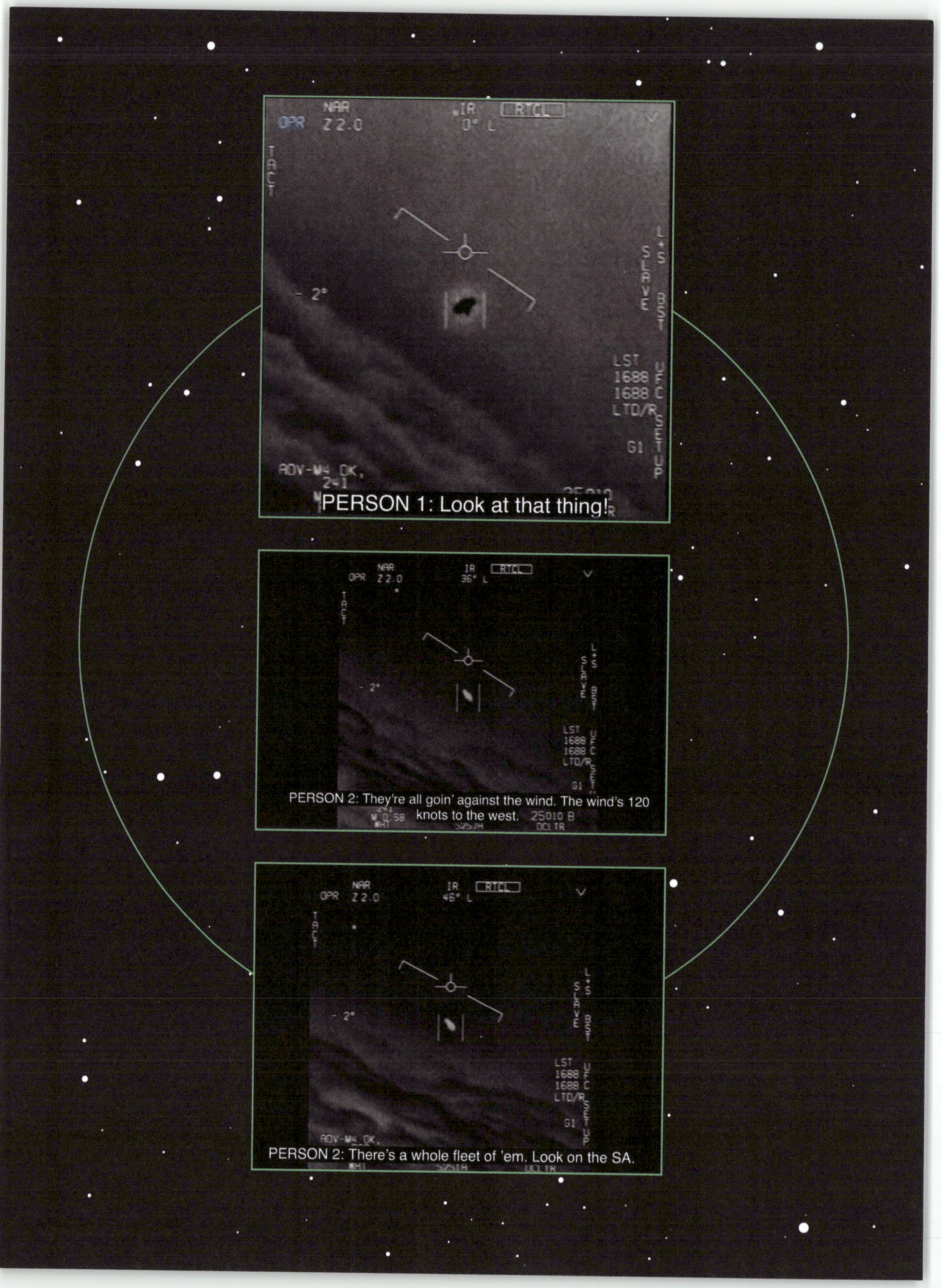
PERSON 1: Look at that thing!
PERSON 2: They're all goin' against the wind. The wind's 120 knots to the west.
PERSON 2: There's a whole fleet of 'em. Look on the SA.

DER TIC-TAC-VORFALL

2004

Die USS *Nimitz* ist eines der größten Kriegsschiffe der US-Flotte und verfügt als nukleargetriebener Flugzeugträger über fortschrittliche Radarsysteme und Waffen. Am 14. November 2004 befand sie sich zusammen mit Begleitschiffen der Carrier Strike Group 11 auf einer Routinemission vor der kalifornischen Küste, etwa 150 Kilometer südwestlich von San Diego. Das Wetter war klar, die See ruhig, und die F/A-18F-Jagdflugzeuge der *Nimitz* führten Luftmanöver durch. Auf einmal erhielten zwei Piloten den Befehl, die Übung abzubrechen und ein unbekanntes Flugobjekt abzufangen.

Schon mehrere Tage zuvor hatten Radargeräte der Marine unbekannte Fluggeräte erfasst, die die Flotte beschatteten. Sie bewegten sich in einer Höhe von 25 Kilometern, also weit oberhalb der regulären Flughöhe der Jets, sanken jedoch hin und wieder auf ein niedrigeres Niveau. Nun sollten die beiden Piloten ein unbekanntes Objekt in der Nähe des Marineverbands genauer erkunden.

Commander David Fravor war der Rottenführer. Als er in Begleitung eines Rottenfliegers den angegebenen Ort erreichte hatte, sah er eine aufgewühlte Wasseroberfläche, unter der sich etwas Unbekanntes verbarg. Plötzlich kam ein weißes Objekt in Sicht. Es hatte die Form eines Tic-Tac-Dragees, war etwa zehn Meter lang und besaß weder Flügel noch einen erkennbaren Antrieb. Mit hohem Tempo vollzog es plötzliche Ausweichmanöver, wie sie herkömmlichen Flugzeugen unmöglich sind. Fravor versuchte, das Objekt abzufangen, doch hielt es direkt auf ihn zu, drehte dann ab und entfernte sich mit hoher Geschwindigkeit.

Sofort starteten weitere Kampfflugzeuge von der *Nimitz*, um das Fluggerät abzufangen. Einer der Piloten konnte es noch am selben Tag mithilfe einer Infrarotkamera, die an seinem Flieger befestigt war, aufnehmen. Das unscharfe Video wurde 2017 geleakt und spielte eine wichtige Rolle für das Zustandekommen der sechs Jahre später stattfindenden UFO-Anhörungen im US-Kongress.

SIEHE AUCH: UFOs über Washington, D.C. (1952), Die Teheraner Sichtungen (1976), Der Manises-Vorfall (1979), Die Nacht der UFOs (1986), Regierungsanhörungen zu UAPs (2023)

EIN NICHT IDENTIFIZIERTES OBJEKT (IN FORM EINES MINZDRAGEES?) Das an Bord der USS *Gimbal* entstandene Video ist eine von drei militärischen UAP-Aufnahmen, die von der US-Regierung zur Veröffentlichung freigegeben wurden.

DIE PLANET-SERPO-AKTE

2005

Die Akte tauchte erstmals im November 2005 auf: Sie wurde in einem UFO-Forschungsforum von einem anonymen User hochgeladen, der behauptete, ein Whistleblower der US-amerikanischen Defense Intelligence Agency (DIA) zu sein, einem militärischen Nachrichtendienst. Die Dokumente beschrieben angeblich ein streng geheimes Regierungsprogramm, das zwölf Astronauten an Bord eines außerirdischen Raumschiffs zum Planeten Serpo entsandt hatte.

Der Serpo-Akte zufolge hatte beim Absturz eines außerirdischen Raumschiffs bei Roswell 1947 ein Mitglied der Besatzung überlebt und war vom US-Militär in Gewahrsam genommen worden. US-amerikanischen Wissenschaftlern sei es gelungen, Kontakt zu seinem Volk aufzunehmen, das in der Akte als „Ebens" (extraterrestrische biologische Entitäten) bezeichnet wird. Im Jahr 1965 hätten dann zehn männliche und zwei weibliche Astronauten die zehnmonatige Reise nach Serpo angetreten.

Der Planet besitzt laut der Akte eine atembare Sauerstoffatmosphäre und eine etwas geringere Schwerkraft als die Erde. Die Bevölkerung bestehe aus etwa 650.000 Ebens, die in kleinen Dörfern und einer Stadt lebten. Zwei menschliche Astronauten verstarben während ihres Aufenthalts auf Serpo, und zwei weitere blieben dort zurück, als die restlichen acht Astronauten 1978 zur Erde zurückgekehrt seien; alle Rückkehrer verstarben bis 2005 an den Folgen der Strahlenbelastung während ihrer interstellaren Reise.

Ebenso wie die Dokumente zu Projekt Aquarius und zu MJ-12 wurden auch die Serpo-Unterlagen eingehend von Wissenschaftlern geprüft. Die meisten kamen zu dem Schluss, dass es sich um einen raffinierten Schwindel handele. Auch wurde darauf hingewiesen, dass bestimmte Personen im Büro für Sonderermittlungen der US-Luftwaffe (OSI) in alle drei Enthüllungen involviert waren. Daher diskutierte die UFO-Community über die Möglichkeit, dass diese und andere „Leaks" vermutlich Teil einer umfassenderen Desinformationskampagne waren.

SIEHE AUCH: Area 51 (1955), Die Cash-Landrum-Begegnung (1980), Die Paul-Bennewitz-Affäre (1982), Die Majestic-12-Dokumente (1984), John Lear und die UFO-Verschwörung (1987), Bob Lazars Enthüllungen (1989)

EINE SCHOCKIERENDE ENTHÜLLUNG: Auch wenn die Serpo-Akte teilweise für eine geschickte Täuschung gehalten wurde, bleiben doch Fragen offen.

DIE SICHTUNG AM O'HARE AIRPORT

2006

Obwohl UFO-Sichtungen zu Beginn des 21. Jahrhunderts immer seltener wurden, kam es doch weiterhin zu einer Reihe eindeutiger und gut dokumentierter Beobachtungen. Zu den bemerkenswertesten gehört jene am O'Hare Airport im Jahr 2006.

Der Chicago O'Hare International Airport ist einer der verkehrsreichsten Flughäfen der Welt, und so ist es das Bodenpersonal den Anblick ungewöhnlicher Fluggeräte durchaus gewohnt. Niemand jedoch rechnete mit dem Objekt, das am 7. November 2006 um 16:15 Uhr oberhalb von Gate C-17 erschien. Der Fahrer eines Flugzeugschleppers entdeckte es, als er eine Maschine der United Airlines über das Flugfeld schob, und verständigte die Flugzeugbesatzung über Funk. Als weitere Mitarbeiter der United Airlines dies hörten, eilten sie herbei. Das Objekt wurde von mehr als einem Dutzend Personen beobachtet, so etwa von Piloten, Flugzeugmechanikern, Verwaltungsangestellten sowie von Verkehrsteilnehmern außerhalb des Flughafens.

Nach Angaben der Augenzeugen war es scheibenförmig und bestand aus dunkelgrauem Metall. Das Objekt schwebte völlig lautlos über dem Terminal und besaß einen geschätzten Durchmesser von zwei bis sechs Metern. Fünf Minuten nach der ersten Sichtung schoss es mit hoher Geschwindigkeit davon und hinterließ zwischen den Wolken ein kleines, kreisrundes Loch, das sich nach kurzer Zeit wieder schloss. Die Towerlotsen hingegen gaben an, das Objekt nicht gesehen zu haben, und es erschien auch zu keinem Zeitpunkt auf dem Radarschirm.

Das Nachspiel war in vielerlei Hinsicht kurioser als das Phänomen selbst. Denn die United Airlines ebenso wie die Bundesluftfahrbehörde FAA leugneten zunächst den Eingang von UFO-Meldungen, obwohl Augenzeugen berichteten, beide kontaktiert zu haben. Auf Recherchen der *Chicago Tribune* hin mussten die Airline und die FAA letztlich den Eingang der Meldungen zugeben. Dennoch bestanden sie darauf, dass es sich um ein „Wetterphänomen" gehandelt habe – eine Behauptung, die von den Beobachtern klar bestritten wurde.

SIEHE AUCH: Skandinaviens Phantomflugzeuge (1933), Die Nacht der UFOs (1986), Die Stephenville-Sichtungen (2008)

VON DER REGIERUNG ZUNÄCHST GELEUGNET: Nachdem die *Chicago Tribune* einen Artikel mit Berichten zahlreicher Augenzeugen gebracht hatte, bestätigte die FAA schließlich … ein „Wetterphänomen".

DIE ALDERNEY-SICHTUNG

2007

Am 23. April 2007 saß der Pilot Ray Bowyer um 14:09 Uhr am Steuerknüppel einer zweimotorigen Trislander-Turboprop. Er befand sich auf dem Weg von der englischen Stadt Southampton zur Kanalinsel Alderney. Aufgrund seiner 18-jährigen Berufserfahrung war er mit den meisten Fluggeräten vertraut, doch konnte er die riesige Form, die am Himmel über Alderney auftauchte, nicht zuordnen. Bowyer beschrieb sie als goldfarbene „zigarrenförmige Lichterscheinung" mit zwei schwarz schimmernden Bändern. Zunächst vermutete er eine optische Täuschung, verursacht durch Lichtreflexionen von Gewächshäusern auf der nahegelegenen Insel Guernsey. Bald schon aber kam er zu dem Schluss, dass es sich um ein stationäres Objekt in einer Höhe von 600 Metern und einer Entfernung von 15 bis 50 Kilometern handeln müsse.

Bowyer griff zu seinem Fernglas und beobachtete das Flugobjekt neun Minuten lang. In größerer Entfernung konnte er ein weiteres gleichartiges Objekt erkennen. Beide flogen anschließend in Formation davon. Zwei Fluggäste bestätigten Bowyers Sichtung des ersten Objekts und beschrieben es als „orange" oder „wie die Farbe von Sonnenlicht". Auch Patrick Patterson, der Pilot eines weiteren, in der Nähe befindlichen Passagierflugzeugs, sah das Objekt und schilderte es mit ähnlichen Worten wie Bowyer.

Nach der Landung in Alderney meldete Bowyer die Sichtung der zivilen Luftfahrtbehörde und sprach dabei von einem „Beinahe-Zusammenstoß". Auf dem Rückflug nach Southampton zeigte sich das Objekt nicht mehr. Das britische Verteidigungsministerium, das für die Untersuchung von UFO-Vorfällen in Großbritannien zuständig ist, zeigte sich auch diesmal unkooperativ und weigerte sich rundheraus, Ermittlungen einzuleiten. Die britischen Medien hingegen schenkten der Sichtung große Aufmerksamkeit. Eine überzeugende Erklärung hierfür fehlt bis heute. Bowyer selbst hat das Objekt nie für ein außerirdisches Raumschiff gehalten, sondern nur festgestellt, in über fünfzehn Jahren Flugerfahrung noch nie etwas Vergleichbares gesehen zu haben.

SIEHE AUCH: Die Chiles-Whitted-Sichtung (1948), Die Nash-Fortenberry-Sichtung (1952), Die Cressy-Zigarre (1960), Die Sichtung auf Flug 1628 (1986)

EIN OBJEKT IN DER FARBE VON SONNENLICHT: Über der Insel Alderney, hier von einem Flugzeug aus fotografiert, wurde ein unerklärtes Phänomen gesichtet.

DIE STEPHENVILLE-SICHTUNGEN

2008

Die Kleinstadt Stephenville liegt zwei Autostunden nordwestlich von Dallas und wird in typisch texanischer Bescheidenheit auch gerne als „Milchhauptstadt der Welt" bezeichnet. Doch am Abend des 8. Januar 2008 wurde der Ort berühmt für etwas weitaus Seltsameres: Etwa dreihundert Einwohner sahen damals ein riesiges unbekanntes Objekt über ihrer Stadt schweben.

Unter den Augenzeugen befand sich auch Steve Allen. Der erfahrene Pilot entfernte zusammen mit drei Freunden gerade Gestrüpp auf einer Hügelkuppe, als gegen 18:00 Uhr ein gigantisches Flugobjekt mit blau-weißer Beleuchtung von Westen heranraste. Es war „größer als ein Walmart", so Allen, wobei weitere Augenzeugen die Breite auf 800 Meter und die Länge auf 1500 Meter schätzten. Über Stephenville bremste das Objekt ab und verharrte in der Luft. Dabei leuchteten seine Lichter in wechselnden Abständen auf, so als wollte es kommunizieren.

Anschließend beobachteten die Augenzeugen zwei F-16-Kampfjets, die den Hügel in niedriger Höhe überflogen. Als sie sich dem Objekt näherten, beschleunigte es umgehend und entschwand mit so hoher Geschwindigkeit, dass die Kampfflugzeuge nicht zu folgen vermochten. Allen schätzte sein Tempo auf etwa 5.000 Stundenkilometer.

Am darauffolgenden Tag berichtete die Lokalzeitung über das Ereignis. Dutzende Anwohner meldeten sich und gaben an, das Objekt und die Jets gesehen zu haben. Doch erklärte die US-Luftwaffe zunächst, dass sich am Abend des 8. Januar keines ihrer Flugzeuge im Umland von Stephenville aufgehalten habe, und versuchte, die Sichtung als eine optische Täuschung abzutun. Eine Woche später räumte sie dann den Flug von F-16-Jets über Stephenville ein. Was die Augenzeugen damals gesichtet haben, wurde nie geklärt. Handelte es sich um einen geheimen Flugversuch des Militärs? Um ein außerirdisches Flugobjekt oder etwas anderes? Das weiß allein die US-Regierung.

SIEHE AUCH: Sichtung über dem Stadio Artemio Franchi (1954), Die Sichtungen über der Boiani-Mission (1959), Die Cash-Landrum-Begegnung (1980), Die Woronescher Nahbegegnung (1989), Die Nahbegegnung an der Ariel School (1994), Die Tinley-Park-Sichtungen (2004)

GRÖSSER ALS EIN WALMART: Unweit dieses Windrads bei Stephenville in Texas – der „Milchhauptstadt der Welt" – hat der Kleinflugzeugpilot Steve Allen ein riesiges Flugobjekt gesichtet.

Middle East, 2022: MQ-9 observed
spherical UAP via electro-optical sensor
—UAP characteristics and behavior consistent with other "metallic orb" observations in the region
—No demonstration of enigmatic technical capabilities and no apparent threat to airborne-asset safety
—Case in "active archive," pending discovery of additional data
—AARO uses active-archive cases for trend and statistical analyses

REGIERUNGSANHÖRUNGEN ZU UAPS

2023

Was wäre, wenn man verlautbaren würde, dass UFOs real sind, aber niemand glaubt einem? Mit genau dieser Situation wurde die US-Regierung konfrontiert. Nachdem UFO-Sichtungen in den beiden vorangegangenen Jahrzehnten immer seltener vorkamen, vollzog die Regierung 2023 einen plötzlichen Kurswechsel. Anstatt die Existenz von UFOs weiterhin zu leugnen, räumte sie ein, dass an den Sichtungen der UAPs, wie „unidentifizierte anomale Phänomene" nun bezeichnet wurden, etwas dran sein könnte.

Es begann am 12. Januar mit der Veröffentlichung eines Berichts über unidentifizierte Luftphänomene des Jahres 2022. Erstellt hatte ihn eine eigens hierfür eingerichtete Taskforce des Pentagon. Der Bericht umfasste 171 nicht identifizierbare Sichtungen, für die es größtenteils keine herkömmliche Erklärung gab. Im Juli folgten Anhörungen vor dem Kongress, in denen zwei pensionierte Militärangehörige von dramatischen UAP-Sichtungen berichteten, sowie ein dritter von geborgenen abgestürzten UAPs und „nicht-menschlichen biologischen Überresten".

Auch die NASA beteiligte sich an den Halbenthüllungen. Im Jahr zuvor hatte sie bereits eine UAP-Arbeitsgruppe eingerichtet, die am 31. Mai erstmals öffentlich zusammenkam und am 14. September ihren Anfangsbericht vorlegte. Doch ebenso wie die Pentagon-Taskforce lehnte sie ab, daraus Schlussfolgerungen zu ziehen, und forderte stattdessen weitere Untersuchungen.

Die Medien griffen dies begeistert auf. Bemerkenswerterweise aber stießen die Berichte außerhalb der institutionellen Washingtoner Zirkel nur auf geringeres Interesse. Nachdem sich die US-Regierung jahrzehntelang geweigert hatte, UFOs beziehungsweise UAPs ernst zu nehmen, und eine offenkundige Politik der Vertuschung und Desinformation betrieben hatte, gingen viele Leser davon aus, dass auch dieser Kehrtwende ein Hintergedanke zugrunde liegen müsse. Ein populäres Meme brachte die Haltung der Allgemeinheit auf den Punkt: „Ich war ja bereit, es zu glauben, dann aber hat die Regierung sie für echt erklärt."

SIEHE AUCH: Das Project Blue Book (1952), Der Condon-Bericht (1969)

ICH WAR JA BEREIT, ES ZU GLAUBEN: Die Regierungsanhörungen des Jahres 2023 zu UAPs (links) erwiesen sich als frustrierend für alle, die sich eine schlüssigere Offenlegung erhofft hatten.

LITERATURVERZEICHNIS

5000 v. CHR.: GEHEIMNISVOLLE BESUCHER

Coppens, Philip. *The Ancient Alien Question*. Newburyport, MA: New Page, 2021.

Shklovskii, I. S. und Carl Sagan. *Intelligent Life in the Universe*. New York: Holden-Day, 1966.

216 v. CHR.: SCHILDE UND LICHTER AM HIMMEL

Mandukian, Marina. „The Wild True Stories of Historical UFO Sightings." *Grunge*. Aktualisiert am 13. Februar 2023. Abgerufen am 2. Mai 2024. https://tinyurl.com/bdh526yf.

Vallée, Jacques und Chris Aubeck. *Wonders in the Sky: Unexplained Aerial Objects from Antiquity to Modern Times*. New York: Tarcher/Penguin, 2009.

815: BESUCHER AUS MAGONIA

Carter, Jake. „The Strange Link Between Fairies, Aliens and UFOs." *Anomalien*. 6. März 2020. Abgerufen am 2. Mai 2024. https://tinyurl.com/5h93y4yt.

Vallée, Jacques. *Passport to Magonia*. Chicago: Henry Regnery, 1969.

1277: DIE BAODING-SICHTUNG

Chang, Kai-Chi. *From the Record: UFO Sightings in Ancient Chinese History Books*. Taipei: vom Autor, 1991.

1561: HIMMELSSCHLACHT

Black, John. „The Mysterious 1561 Nuremberg Event ‚UFO Battle'." *Ancient Origins*. Aktualisiert am 7. Dezember 2021. Abgerufen am 2. Mai 2024. https://tinyurl.com/54zxsnb3.

Vallée, Jacques und Chris Aubeck. *Wonders in the Sky: Unexplained Aerial Objects from Antiquity to Modern Times*. New York: Tarcher/Penguin, 2009.

1562: DIE DINGHAI-SICHTUNG

Chang, Kai-Chi. *From the Record: UFO Sightings in Ancient Chinese History Books*. Taipei: vom Autor, 1991.

1639: DIE MUDDY-RIVER-SICHTUNG

Anonymous. „First UFO Sighting in America, Muddy River, 1639." *Celebrate Boston*. 2020. Abgerufen am 2. Mai 2024. https://tinyurl.com/muwyttbm.

Klein, Christopher. „America's First UFO Sighting." *History*. Aktualisiert am 15. Januar 2020. Abgerufen am 2. Mai 2024. https://tinyurl.com/2p9kw6e6.

1663: DIE ROBOZERO-SICHTUNG

Anonymous. „1663: Robozero, Russia Sighting." *Think AboutIts*. 1. März 2021. Abgerufen am 2. Mai 2024. https://tinyurl.com/2x4nmxjv.

Vallée, Jacques. *UFO Chronicles of the Soviet Union*. New York: Ballantine, 1992.

1678: DER MÄHTEUFEL

Anonymous. „1678—Hertfordshire—The Mowing Devil." *Old Crop Circles*. o. D. Abgerufen am 2. Mai 2024. https://tinyurl.com/bdzp58t7.

Morrison, C. J. „The Mowing-Devil." *Early Modern Pamphlets*. o. D. Abgerufen am 2. Mai 2024. https://tinyurl.com/3zwne4cx.

1803: DER *UTSURO-BUNE*-VORFALL

Lowth, Marcus. „The *Utsuro-Bune* Legend and UFO Encounters of Ancient Japan." *UFO Insight*. Aktualisiert am 5. Oktober 2021. Abgerufen am 2. Mai 2024. https://tinyurl.com/yxb6vx4e.

Tanaka, Kazuo. „‚Utsurobune': A UFO Legend from Nineteenth-Century Japan." *Nippon*. 26. Juni 2020. Abgerufen am 2. Mai 2024. https://tinyurl.com/yf94et2a.

1896: DIE ANKUNFT DER LUFTSCHIFFE

Busby, Michael. *Solving the 1897 Airship Mystery*. Gretna, LA: Pelican, 2004.

Krystek, Lee. „The Mystery Airship of 1896." *The Museum of Unnatural Mystery*. 1996. Abgerufen am 2. Mai 2024. https://tinyurl.com/yc7zfmjw.

1897: DER AURORA-ABSTURZ

Busby, Michael. *Solving the 1897 Airship Mystery*. Gretna, LA: Pelican, 2004.

McNabb, Max. „The 1897 Aurora, Texas, UFO Crash & the ‚Alien' Buried in the Cemetery." *Texas Hill Country*. 8. Januar 2019. Abgerufen am 2. Mai 2024. https://tinyurl.com/yupjuz69.

1908: DAS TUNGUSKA-EREIGNIS

Furneaux, Rupert. *The Tungus Event: The Great Siberian Catastrophe of 1908*. New York: Nordon Publications, 1977.

Verma, Surendra. *The Tunguska Fireball: Solving One of the Great Mysteries of the 20th Century*. Cambridge, UK: Icon Books Ltd., 2005.

1909: DIE RÜCKKEHR DER LUFTSCHIFFE

Gollin, Alfred N. „England Is No Longer an Island: The Phantom Airship Scare of 1909." *Albion* 13, Nr. 1 (1981): 43–57. https://doi.org/10.2307/4049113.

Watson, Nigel. *UFOs of the First World War*. Stroud, UK: History Press, 2015.

1913: WIEDER LUFTSCHIFFE

Holman, Brett. „The Phantom Airship Panic of 1913: Imagining Aerial Warfare in Britain before the Great War." *Journal of British Studies* 55, Nr. 1 (Januar 2016): 99–119.

Watson, Nigel. *UFOs of the First World War*. Stroud, UK: History Press, 2015.

1914: DIE MYSTERIÖSEN FLUGZEUGE

Bartholomew, Robert E. „The South African Monoplane Hysteria: An Evaluation of the Usefulness of Smelser's Theory of Hysterical Beliefs." *Sociological Inquiry* 59, Nr. 3 (Juli 1989): 287–300.

Watson, Nigel. *UFOs of the First World War*. Stroud, UK: History Press, 2015.

1919: *DAS BUCH DER VERDAMMTEN*

Bennett, Colin. *Politics of the Imagination: The Life, Work and Ideas of Charles Fort*. Manchester, UK: Critical Vision, 2002.

Fort, Charles. *The Complete Books of Charles Fort*. New York: Dover, 1974. (dt. Einzelausgaben, siehe Artikel)

1933: SKANDINAVIENS PHANTOMFLUGZEUGE

Good, Timothy. *Above Top Secret: The Worldwide UFO Cover-Up*. London: Sidgwick & Jackson, 1987.

Hejll, O. H. „The Ghost Fliers." *Dr. Cagliostro's Cabinet of Curiosities*. 2. Mai 2011. Abgerufen am 2. Mai 2024. https://tinyurl.com/mr2cdxpj.

1934: CORAL LORENZENS ERSTE SICHTUNG

Hintz, Charlie. „Coral Lorenzen: The Flying Saucer Lady Who Pioneered UFO Research." *Cult of Weird*. o. D. Abgerufen am 2. Mai 2024. https://tinyurl.com/4axvtuv6.

Lorenzen, Coral E. *Flying Saucers: The Startling Evidence of the Invasion from Outer Space*. New York: Signet, 1966.

1938: DIE ERFINDUNG DER FLIEGENDEN UNTERTASSEN

Keel, John. „The Man Who Invented Flying Saucers." In *The Fringes of Reason*, Hrsg. Ted Schultz, 138–145. New York: Harmony Books, 1989.

Nadis, Fred. *The Man from Mars: Ray Palmer's Amazing Pulp Journey*. New York: Tarcher Perigee, 2013.

1944: DIE FOO-FIGHTER

Anonymous. „The Foo Fighters of World War II." *Saturday Night Uforia*. 3. September 2011. Abgerufen am 2. Mai 2024. https://tinyurl.com/yjs52w36.

Rendall, Graeme. *UFOs Before Roswell: European Foo Fighters 1940–1945*. Upper Weardale, UK: Reiver Country Books, 2021.

1945: DAS SHAVER-GEHEIMNIS

Shaver, Richard S. *The Shaver Mystery Compendium Complete*. n.p.: Lulu, 2020.

Toronto, Richard. *War Over Lemuria: Richard Shaver, Ray Palmer and the Strangest Chapter of 1940s Science Fiction*. Jefferson, NC: McFarland & Co, 2013.

1946: DAS VORHERGESAGTE PHÄNOMEN

Layne, Meade. *The Ether Ship Mystery—and Its Solution*. San Diego: Borderland Sciences Research Association, 1950.

Reece, Gregory L. *UFO Religion: Inside Flying Saucer Cults and Culture*. New York: I. B. Tauris, 2007.

1946: DIE GEISTERRAKETEN

Anonymous. „Ghost Rockets." *Historic Wings*. 26. Februar 2013. Abgerufen am 2. Mai 2024. https://tinyurl.com/5bubu479.

Anonymous. „The Ghost Rockets of 1946." *Saturday Night Uforia*. 24. September 2011. Abgerufen am 2. Mai 2024. https://tinyurl.com/5bubu479.

1947: DIE ARNOLD-SICHTUNG

Arnold, Kenneth und Ray Palmer. *The Coming of the Saucers*. Amherst, WI: Privatdruck, 1952.

Peebles, Curtis. *Watch the Skies! A Chronicle of the Flying Saucer Myth*. New York: Smithsonian Institution, 1994.

1947: DER ROSWELL-ABSTURZ

Patton, Phil. *Dreamland: Travels Inside the Secret World of Roswell and Area 51*. New York: Villard, 1998.

Saler, Benson, Charles A. Ziegler und Charles B. Moore. *UFO Crash at Roswell: The Making of a Modern Myth*. Washington, DC: Smithsonian Institution Press, 1997.

1948: DER MANTELL-VORFALL

Lowth, Marcus. „The Mantell Incident.“ *UFO Insight*. Aktualisiert am 13. Oktober 2021. Abgerufen am 2. Mai 2024. https://tinyurl.com/2s87vehm.

Stillwell, Blake. „The First Air Force Pilot to Die Chasing a UFO Was Actually Chasing a Secret Balloon.“ *Military.com*. 31. Oktober 2022. Abgerufen am 2. Mai 2024. https://tinyurl.com/2byra7tb.

1948: DIE CHILES-WHITTED-SICHTUNG

Daugherty, Greg. „Two Pilots Saw a UFO. Why Did the Air Force Destroy the Report?“ *History*. Aktualisiert am 10. Januar 2020. Abgerufen am 2. Mai 2024. https://tinyurl.com/36tewf94.

Peebles, Curtis. *Watch the Skies! A Chronicle of the Flying Saucer Myth*. New York: Smithsonian Institution, 1994.

1950: DER MARIANA-FILM

Keyhoe, Donald E. *Flying Saucers from Outer Space*. New York: Henry Holt, 1953.

Saunders, David R. *UFOs? Yes! Where the Condon Committee Went Wrong*. New York: World Publishing Company, 1969.

1952: DAS PROJECT BLUE BOOK

Andrews, Evan. „How the U.S. Air Force Investigated UFOs During the Cold War.“ *History*. Aktualisiert am 15. Januar 2020. Abgerufen am 2. Mai 2024. https://tinyurl.com/muvfcc3a.

Steiger, Brad. *Project Blue Book*. New York: Ballantine Books, 1976.

1952: DIE NASH-FORTENBERRY-SICHTUNG

Nash, William B. und William H. Fortenberry. „We Flew Above Flying Saucers.“ *True* Oktober 1952. Abgerufen am 2. Mai 2024. https://tinyurl.com/3cetu2x2.

Tulien, Thomas. „Revisiting One of the Classics: The Nash/Fortenberry UFO Sighting, 14. Juli 1952.“ *International UFO Reporter* 27, Nr. 1 (2002): 22. Abgerufen am 2. Mai 2024. https://tinyurl.com/5n96hdmt.

1952: UFOS ÜBER WASHINGTON, D.C.

Randle, Kevin D. *Invasion Washington: UFOs Over the Capitol*. New York: HarperTorch, 2001.

Sullivan, Missy. „In 1952, ‚Flying Saucers‘ Over Washington Sent the Press into a Frenzy.“ *History*. Aktualisiert am 3. November 2023. Abgerufen am 2. Mai 2024. https://tinyurl.com/5n8phue9.

1952: DAS FLATWOODS-MONSTER

Cereno, Benito. „The Bizarre True Story of the Flatwoods Monster.“ *Grunge*. 31. Juli 2021. Abgerufen am 2. Mai 2024. https://tinyurl.com/yuw74hkb.

Guiley, Rosemary Ellen. *Monsters of West Virginia: Mysterious Creatures in the Mountain State*. Mechanicsburg, PA: Stackpole Books, 2012.

1952: DIE ÄRA DER KONTAKTLER BEGINNT

Adamski, George. *Inside the Space Ships*. New York: Abelard-Schumann, 1955.

Bennett, Colin. *Looking for Orthon*. New York: Paraview Press, 2001.

1953: DIE GIANT ROCK CONVENTION

Clark, Laura. „Come for the Giant Rock, Stay for the UFO History.“ *Smithsonian*. 9. Januar 2015. Abgerufen am 2. Mai 2024. https://tinyurl.com/yc5rymnf.

Stringfellow, Kim. „Giant Rock, Space People, and the Integratron.“ *PBS SoCal*. 15. Mai 2018. Abgerufen am 2. Mai 2024. https://tinyurl.com/yf4v3h3b.

1953: WELTKONTAKTTAG

Bender, Albert K. *Flying Saucers and the Three Men*. London: Neville Spearman, 1963.

Bielawa, Michael J. „Bridgeport’s UFO Legacy: Men in Black and the Albert K. Bender Story.“ *Bridgeport History Center*. o. D. Abgerufen am 2. Mai 2024. https://tinyurl.com/2bnkxf9n.

1954: DIE MARIUS-DEWILDE-BEGEGNUNG

Michel, Aimé. *Flying Saucers and the Straight-Line Mystery*. New York: S. G. Phillips, 1958.

Verma, Vicky. „French Railway Worker Claimed Two Martian Visitors Attacked and Paralyzed Him in 1954.“ *How&Whys*. Aktualisiert am 11. Dezember 2020. Abgerufen am 2. Mai 2024. https://tinyurl.com/376kkd3v.

1954: DAS GEHEIMNIS DER GERADEN LINIEN

Malin, Josh. „The 1954 French UFO Craze That Led to the World’s Weirdest Wine Law.“ *VinePair*. 7. Juli 2015. Abgerufen am 2. Mai 2024. https://tinyurl.com/32bz64mf.

Michel, Aimé. *Flying Saucers and the Straight-Line Mystery*. New York: S. G. Phillips, 1958.

1954: SICHTUNG ÜBER DEM STADIO ARTEMIO FRANCHI

De Luca, Max. „The Eye in the Tuscan Sky: The Day a UFO Sighting Stopped a Fiorentina Match.“ *These Football Times*. 21. April 2020. Abgerufen am 2. Mai 2024. https://tinyurl.com/y5kh4j3b.

Padula, Richard. „The Day UFOs Hovered Over Fiorentina's Stadio Artemio Franchi.“ *BBC*. 4. Januar 2013. Abgerufen am 2. Mai 2024. https://tinyurl.com/2p8x8j7h.

1954: *WHEN PROPHECY FAILS*

Festinger, Leon, Henry W. Riecken und Stanley Schachter. *When Prophecy Fails*. Minneapolis: University of Minnesota Press, 1956.

Moser, Whet. „Apocalypse Oak Park: Dorothy Martin, the Chicagoan Who Predicted the End of the World and Inspired the Theory of Cognitive Dissonance.“ *Chicago*. 20. Mai 2011. Abgerufen am 2. Mai 2024. https://tinyurl.com/w56k4fee.

1955: AREA 51

Darlington, David. *Area 51: The Dreamland Chronicles*. New York: Henry Holt, 1997.

Patton, Phil. *Dreamland: Travels Inside the Secret World of Roswell and Area 51*. New York: Villard, 1998.

1956: NICAP UNTERSUCHT DAS PHÄNOMEN

Hall, Richard H. *The UFO Evidence*. Washington, D.C.: National Investigations Committee on Aerial Phenomena, 1964.

Jacobs, David M. *The UFO Controversy in America*. Bloomington: Indiana University Press, 1975.

1956: DIE MÄNNER IN SCHWARZ

Barker, Gray. *They Knew Too Much About Flying Saucers*. New York: University Books, 1956.

Bender, Albert K. *Flying Saucers and the Three Men*. London: Neville Spearman, 1963.

1957: DIE ENTFÜHRUNG VON A. VILAS-BOAS

Charbonneau, Jason. „Abduction of Antônio Vilas-Boas, 1957.“ *Think Anomalous*. 19. September 2022. Abgerufen am 2. Mai 2024. https://tinyurl.com/234852u5.

Wolchover, Natalie. „The Surprising Origin of Alien Abduction Stories.“ *LiveScience*. 11. Mai 2012. Abgerufen am 2. Mai 2024. https://tinyurl.com/mukwh7dc.

1959: DIE SICHTUNGEN ÜBER DER BOIANI-MISSION

Greenewald, John. „Father Gill & the 1959 Papua New Guinea UFO Sighting.“ *The Black Vault*. Aktualisiert am 12. Juni 2020. Abgerufen am 2. Mai 2024. https://tinyurl.com/mukwh7dc.

Lowth, Marcus. „The Boianai Visitants Over Papua New Guinea.“ *UFO Insight*. Aktualisiert am 5. September 2020. Abgerufen am 2. Mai 2024. https://tinyurl.com/3peaufvt.

1960: DIE CRESSY-ZIGARRE

Anonymous. „1960: The Cressy Cigar.“ *Think AboutIts*. 11. Mai 2021. Abgerufen am 2. Mai 2024. https://tinyurl.com/5n7xfjjf.

Strickler, Lon. „The Cressy ‚Cigar.'“ *Phantoms and Monsters*. 16. Januar 2013. Abgerufen am 2. Mai 2024. https://tinyurl.com/mrpaxxs2.

1961: PFANNKUCHEN AUS DEM ALL?

Vallée, Jacques. *Passport to Magonia*. Chicago: Henry Regnery, 1969.

Verma, Vicky. „Bizarre UFO Encounter of US Farmer: Three Aliens Gave Him Pancakes.“ *How&Whys*. Aktualisiert am 29. Januar 2022. Abgerufen am 2. Mai 2024. https://tinyurl.com/37kvk7zt.

1961: DIE ENTFÜHRUNG VON BARNEY UND BETTY HILL

Fuller, John. *The Interrupted Journey*. New York: Putnam, 1968.

Wolchover, Natalie. „The Surprising Origin of Alien Abduction Stories.“ *LiveScience*. 11. Mai 2012. Abgerufen am 2. Mai 2024. https://tinyurl.com/mukwh7dc.

1964: DIE SOCORRO-LANDUNG

Lowth, Marcus. „The Zamora Incident—UFO Landing at Socorro.“ *UFO Insight*. Aktualisiert am 6. Oktober 2021. Abgerufen am 2. Mai 2024. https://tinyurl.com/u3usya9j.

Steiger, Brad. *Project Blue Book*. New York: Ballantine Books, 1976.

1965: DER EXETER-VORFALL

Fuller, John. *Incident at Exeter*. New York: Putnam, 1966.

Peebles, Curtis. *Watch the Skies! A Chronicle of the Flying Saucer Myth*. New York: Smithsonian Institution, 1994.

1965: DER KECKSBURG-ABSTURZ

Dimuro, Claudia. „‚Meteorites Do Not Make Abrupt Turns': When a UFO Took Aim at Pennsylvania.“ *Penn Live*. Aktualisiert am 4. Oktober 2022. Abgerufen am 2. Mai 2024. https://tinyurl.com/yzbj92nt.

Kean, Leslie. „Forty Years of Secrecy: NASA, the Military, and the 1965 Kecksburg Crash.“ *International UFO Reporter* 30, Nr. 1 (Oktober 2005): 3–9, 28–31.

1966: DIE KORNKREISE IN TULLY

Anonymous. „1966—Tully.“ *Old Crop Circles*. o. D. Abgerufen am 2. Mai 2024. https://tinyurl.com/f4fh9fbm.

Carruthers, Peter. „How Tully Became Queensland's Answer to Roswell.“ *Cairns Post*. o. D. Abgerufen am 2. Mai 2024. https://tinyurl.com/4u26hx8k.

1966: DIE SICHTUNG AN DER WESTALL SCHOOL

Ryan, Shane J. L. „An Ongoing Mystery: The Westall Flying Saucer Incident.“ *Kingston Local History*. 11. Juni 2012. Abgerufen am 2. Mai 2024. https://tinyurl.com/mry9x7h9.

Sharpe, Matthew. „Westall '66: 50 Years On, Still Stranger Than Fiction.“ *The Conversation*. 3. April 2016. Abgerufen am 2. Mai 2024. https://tinyurl.com/2duf4ypd.

1966: DIE UMMO-AFFÄRE

Casteel, Sean. „The UMMO Affair: Are Extraterrestrials Living Among Us?“ *UFO Digest*. 31. Dezember 2012. Abgerufen am 2. Mai 2024. https://tinyurl.com/ykz23z7h.

Vallée, Jacques. *Revelations: Alien Contact and Human Deception*. New York: Ballantine, 1991.

1966: DER SUMPFGASVORFALL

Karel, Joseph Kenneth. „The Famous 1966 Michigan Swamp Gas Case.“ *Mysterious Michigan*. 17. Februar 2016. Abgerufen am 2. Mai 2024. https://tinyurl.com/3dj27s6p.

O'Connell, Mark. *The Close Encounters Man: How One Man Made the World Believe in UFOs*. New York: William Morrow, 2017.

1966: MOTHMAN!

Keel, John. *The Mothman Prophecies*. New York: Tor, 1991.

Moore, Nolan. „The Untold Truth of Mothman.“ *Grunge*. Aktualisiert am 23. Januar 2023. Abgerufen am 2. Mai 2024. https://tinyurl.com/4cvd66w2.

1967: DIE CUSSAC-NAHBEGEGNUNG

Anonymous. „1967: Cussac, France Close Encounter.“ *Think AboutIts*. 2. Mai 2021. Abgerufen am 2. Mai 2024. https://tinyurl.com/3y6xr5v5.

Lowth, Marcus. „An ‚Encounter with Devils' on the Cussac Plateau.“ *UFO Insight*. Aktualisiert am 5. September 2020. Abgerufen am 2. Mai 2024. https://tinyurl.com/yc3hkhbp.

1967: DER SHAG-HARBOUR-ABSTURZ

MacDonald, Michael. „Canada's Best-Documented UFO Sighting Still Intrigues, 50 Years On.“ *CTV News*. Aktualisiert am 21. September 2017. Abgerufen am 2. Mai 2024. https://tinyurl.com/44hp2nnb.

Ricketts, Bruce. „The Shag Harbour UFO.“ *Mysteries of Canada*. 30. Oktober 2014. Abgerufen am 2. Mai 2024. https://tinyurl.com/4f5k74ca.

1968: *ERINNERUNGEN AN DIE ZUKUNFT*

Story, Ronald. *The Space-Gods Revealed: A Close Look at the Theories of Erich von Däniken*. New York: Harper & Row, 1976.

Von Däniken, Erich. *Chariots of the Gods?* tr. Michael Heron. London: Corgi, 1971.

Erinnerungen an die Zukunft. Ungelöste Rätsel der Vergangenheit, bearbeitet von Wilhelm Roggersdorf. Econ Verlag, Düsseldorf/Wien, (Februar) 1968

1969: DER CONDON-BERICHT

Condon, Edward U. *A Scientific Study of Unidentified Flying Objects*. New York: Bantam, 1969.

Saunders, David R. *UFOs? Yes! Where the Condon Committee Went Wrong*. New York: World Publishing Company, 1969.

1969: DIE ÄRA DER HOHEN FREMDARTIGKEIT

Keel, John. *UFOs: Operation Trojan Horse*. New York: Manor Books, 1976.

Vallée, Jacques. *Passport to Magonia*. Chicago: Henry Regnery, 1969.

1973: DIE HICKSON-PARKER-ENTFÜHRUNG

Brockell, Gillian. „The Men Claimed They Were Abducted by Aliens. In Mississippi, Police Believed Them.“ *Washington Post*. 26. Juni 2019. Abgerufen am 2. Mai 2024. https://tinyurl.com/4ps6eep4.

Hynek, J. Allen und Jacques Vallée. *The Edge of Reality*. Chicago: Henry Regnery, 1975.

1973: DAS GEHEIMNIS DER RINDERVERSTÜMMELUNGEN

Janos, Adam. „The Mysterious History of Cattle Mutilation.“ *History*. Aktualisiert am 31. Mai 2023. Abgerufen am 2. Mai 2024. https://tinyurl.com/ynkn8bsa.

Kagan, Daniel und Ian Summers. *Mute Evidence*. New York: Bantam, 1983.

1975: DIE BILLY-MEIER-KONTAKTE

Kinder, Gary. *Light Years*. New York: Pocket Books, 1987.

Korff, Kal K. *Spaceships of the Pleiades*. Amherst, NY: Prometheus Books, 1995.

1976: DIE TEHERANER SICHTUNGEN

Gomez, Cristina. „Iran's Famous and Documented UFO Encounter." *Medium*. 8. Januar 2024. Abgerufen am 2. Mai 2024. https://tinyurl.com/52xzhc36.

Greenewald, John. „The ‚1976 Iran Incident.'" *The Black Vault*. Aktualisiert am 28. Januar 2021. Abgerufen am 2. Mai 2021. https://tinyurl.com/2jd667wt.

1978: DIE EMILCIN-ENTFÜHRUNG

Kępa, Marek. „A Tale Out of This World: Alien Abduction & the Communist Regime." *Culture.Pl*. Aktualisiert am 16. Juli 2018. Abgerufen am 2. Mai 2024. https://tinyurl.com/5ebpdcsy.

Lowth, Marcus. „Jan Wolski and the Emilcin Alien Encounter." *UFO Insight*. Aktualisiert am 5. September 2020. Abgerufen am 2. Mai 2024. https://tinyurl.com/5n78trd5.

1978: VALENTICHS VERSCHWINDEN

Clark, Jerome. *Strange Skies: Pilot Encounters with UFOs*. New York: Citadel Press, 2003.

Serena, Katie. „Inside the Unexplained Disappearance of Frederick Valentich." *All That's Interesting*. Aktualisiert am 16. April 2022. Abgerufen am 2. Mai 2024. https://tinyurl.com/5ckzkfce.

1978: DIE ZANFRETTA-BEGEGNUNG

Charbonneau, Jason. „Zanfretta Abductions, 1978–1981." *Think Anomalous*. 6. Mai 2017. Abgerufen am 2. Mai 2024. https://tinyurl.com/474ych6p.

Di Stefano, Rino. *The Zanfretta Case*. n.p.: CreateSpace, 2014.

1979: DIE NAHBEGEGNUNG AM DECHMONT LAW

Brocklehurst, Steven. „The UFO Sighting Investigated by the Police." *BBC*. 8. November 2019. Abgerufen am 2. Mai 2024. https://tinyurl.com/yjyanja6.

MacPherson, Hamish. „Scot's Close Encounter with UFO at Dechmont Law Still Baffles." *The National*. 16. Mai 2023. Abgerufen am 2. Mai 2024. https://tinyurl.com/57va3t2s.

1979: DER MANISES-VORFALL

Ballester Olmos, Vicente-Juan. „The Manises UFO File." *Academia.edu*. o. D. Abgerufen am 2. Mai 2024. https://tinyurl.com/mwr8h2kv.

Vázquez, Galán. „The Manises Case." *Medium*. 7. Februar 2021. Abgerufen am 2. Mai 2024. https://tinyurl.com/bd44xa8s.

1980: DIE LANDUNG IM RENDLESHAM FOREST

Butler, Brenda, Dot Street und Jenny Randles. *Sky Crash: A Cosmic Conspiracy*. London: Neville Spearman, 1984.

Pope, Nick, John Burroughs und Jim Penniston. *Encounter in Rendlesham Forest*. London: Thomas Dunne, 2014.

1980: DIE CASH-LANDRUM-BEGEGNUNG

Schuessler, John. *The Cash Landrum Incident*. Stockbridge, MA: UFO Books, 2022.

Wright, William J. „The Terrifying True Story of the Cash-Landrum Incident." *Grunge*. 21. Dezember 2020. Abgerufen am 2. Mai 2024. https://tinyurl.com/4ukvdhr5.

1981: DIE LANDUNG IN TRANS-EN-PROVENCE

Lowth, Marcus. „The Trans-en-Provence UFO Landing." *UFO Insight*. Aktualisiert am 6. Oktober 2021. Abgerufen am 2. Mai 2024. https://tinyurl.com/526bfmv8.

Mooner, John. „Documented Alien Craft Landing in Trans-En-Provence France." *Medium*. 21. Juni 2023. Abgerufen am 2. Mai 2024. https://tinyurl.com/25xytywu.

1982: DIE PAUL-BENNEWITZ-AFFÄRE

Bishop, Greg. *Project Beta*. New York: Paraview, 2005.

Pilkington, Mark. *Mirage Men: An Adventure into Paranoia, Espionage, Psychological Warfare, and UFOs*. New York: Skyhorse, 2010.

1983: DER WESTCHESTER-BUMERANG

Hynek, J. Allen, Philip J. Imbrogno und Bob Pratt. *Night Siege: The Hudson Valley UFO Sightings*. St. Paul, MN: Llewellyn Publications, 1998.

Schmalz, Jeffrey. „Strange Sights Brighten the Nights Upstate." *New York Times*. 25. August 1984. Abgerufen am 2. Mai 2024. https://tinyurl.com/3dfzhyar.

1984: DIE MAJESTIC-12-DOKUMENTE

Pilkington, Mark. *Mirage Men: An Adventure into Paranoia, Espionage, Psychological Warfare, and UFOs*. New York: Skyhorse, 2010.

Wood, Dr. Robert und Ryan S. Wood. „The Majestic Documents." *Majestic Documents*. o. D. Abgerufen am 2. Mai 2024. https://tinyurl.com/2kx566jd.

1986: DIE NACHT DER UFOS

Brasilianische Regierung. „Official UFO Night in Brazil.“ *Gov.br*. Aktualisiert am 20. Mai 2022. Abgerufen am 2. Mai 2024. https://tinyurl.com/3bnssyac.

Reid, Claire. „Brazilian Air Force Pilots Chase ‚15,000mph Craft' in ‚Night of the UFOs.'“ *Unilad*. 24. Juni 2022. Abgerufen am 2. Mai 2024. https://tinyurl.com/2vjz-v3c7.

1986: DIE SICHTUNG AUF FLUG 1628

Carter, Jake. „Flight 1628 UFO Incident Over Alaska.“ *Anomalien*. 3. Oktober 2019. Abgerufen am 2. Mai 2024. https://tinyurl.com/4jaw4kpc.

Weiss, Lawrence D. „Unfriendly Skies: The Extraordinary Flight of JAL 1628, Alaska's Best Known UFO Encounter.“ *Anchorage Press*. Aktualisiert am 17. September 2022. Abgerufen am 2. Mai 2024. https://tinyurl.com/24etab3c.

1987: *DIE BESUCHER*

Conroy, Ed. *Report on Communion*. New York: William Morrow, 1989.

Strieber, Whitley. *Communion*. New York: Avon: 1987.

Strieber, Whitley. *Die Besucher*. Carl Ueberreuter Verlag, Januar 1988

1987: DIE GULF-BREEZE-BEGEGNUNGEN

Myers, Craig R. *War of the Words: The True but Strange Story of the Gulf Breeze UFO*. n.p.: Xlibris, 2006.

Walters, Ed und Frances Walters. *The Gulf Breeze Sightings*. New York: William Morrow, 1990.

1987: DIE NAHBEGEGNUNG IM ILKEY MOOR

Carter, Jake. „The Ilkley Moor Alien.“ *Anomalien*. 5. Januar 2015. Abgerufen am 2. Mai 2024. https://tinyurl.com/bdd2wz8e.

Redfern, Nick. *Top Secret Alien Abduction Files: What the Government Doesn't Want You to Know*. Newburyport, MA: Red Wheel Weiser, 2018.

1987: JOHN LEAR UND DIE UFO-VERSCHWÖRUNG

Peebles, Curtis. *Watch the Skies! A Chronicle of the Flying Saucer Myth*. New York: Smithsonian Institution, 1994.

Pilkington, Mark. *Mirage Men: An Adventure into Paranoia, Espionage, Psychological Warfare, and UFOs*. New York: Skyhorse, 2010.

1988: DIE BEGEGNUNG DER FAMILIE KNOWLES

Knibb, Ashley. „Looking at the Knowles Family UFO Encounter.“ *Ashley Knibb*. 19. Januar 2020. Abgerufen am 2. Mai 2024. https://tinyurl.com/47txstzt.

North, Jen. „The Nullarbor Plain UFO Incident.“ *Medium*. 20. April 2023. Abgerufen am 2. Mai 2024. https://tinyurl.com/3vev9c7x.

1989: DIE WORONESCHER NAHBEGEGNUNG

Fein, Esther B. „U.F.O. Landing Is Fact, Not Fantasy, the Russians Insist.“ *New York Times*. 11. Oktober 1989. Abgerufen am 2. Mai 2024. https://tinyurl.com/mtn22e3a.

Vallée, Jacques. *UFO Chronicles of the Soviet Union*. New York: Ballantine, 1992.

1989: BOB LAZARS ENTHÜLLUNGEN

Patton, Phil. *Dreamland: Travels Inside the Secret World of Roswell and Area 51*. New York: Villard, 1998.

Pilkington, Mark. *Mirage Men: An Adventure into Paranoia, Espionage, Psychological Warfare, and UFOs*. New York: Skyhorse, 2010.

1989: SCHWARZE DREIECKE ÜBER BELGIEN

Daugherty, Greg und Missy Sullivan. „Huge, Hovering and Silent: The Mystery of ‚Black Triangle' UFOs.“ *History*. 22. Juli 2020. Abgerufen am 2. Mai 2024. https://tinyurl.com/4hhnc2fd.

1990: DER MEGAPLATANOS-ABSTURZ

Lowth, Marcus. „The UFO Crash at Megas Platanos, Greece.“ *UFO Insight*. Aktualisiert am 13. Oktober 2021. Abgerufen am 2. Mai 2024. https://tinyurl.com/5hx7293b.

1991: BEKENNTNIS DER KORNKREISMACHER

Schnabel, Jim. *Round in Circles*. London: Penguin, 1994.

Silva, Freddy. *Secrets of the Fields*. Newburyport, MA: Hampton Roads, 2002.

1991: *DIE APOKALYPTISCHEN REITER*

Cooper, Milton William. *Behold a Pale Horse*. Flagstaff, AZ: Light Technology Publishing, 1991.

Jacobson, Mark. *Pale Horse Rider: William Cooper, the Rise of Conspiracy, and the Fall of Trust in America*. New York: Blue Rider Press, 2018.

Cooper, Milton William. *Die Apokalyptischen Reiter*, Edition Pandora, Michaels-Verlag, 5. Auflage, Mai 1996

1993: DIE ENTFÜHRUNG DER CAHILLS

Greenewald, John. „Kelly Cahill Abduction, Dandenong Foothills, Australia—8. August 1993." *The Black Vault*. 21. Juni 2021. Abgerufen am 2. Mai 2024. https://tinyurl.com/2ztrme2r.

Neal, Matt. „‚Holy Grail' or Epic Hoax? Australian Kelly Cahill's UFO Abduction Story Still Stirs Passions." *ABC News*. Aktualisiert am 26. September 2020. Abgerufen am 2. Mai 2024. https://tinyurl.com/2t7h64z4.

1994: DIE NAHBEGEGNUNG AN DER ARIEL SCHOOL

Lowth, Marcus. „The Still Unexplained 1994 Ariel School UFO Alien Encounter." *UFO Insight*. Aktualisiert am 5. September 2020. Abgerufen am 2. Mai 2024. https://tinyurl.com/2wmtx5sm.

Mahoney, Ellen. „Through Their Eyes—the Ariel School Encounter." *JAR*. 28. Juni 2018. Abgerufen am 2. Mai 2024. https://tinyurl.com/mr2xbyew.

1996: DIE VARGINHA-NAHBEGEGNUNGEN

Carter, Jake. „Varginha UFO Incident: Brazilian Military Captured ‚Alien Humanoids' in 1996." *Anomalien*. 7. März 2020. Abgerufen am 2. Mai 2024. https://tinyurl.com/4bmnhf49.

Guevara, Oshea. „The Varginha UFO Incident: Unraveling the Enigma of Extraterrestrial Encounter." *Medium*. 13. Juli 2023. Abgerufen am 2. Mai 2024. https://tinyurl.com/398hbxk2.

1997: DIE HEAVEN'S-GATE-SELBSTMORDE

Anglis, Jacklyn. „The Twisted Story of the Heaven's Gate Cult—and Their Tragic Mass Suicide." *All That's Interesting*. Aktualisiert am 7. November 2023. Abgerufen am 2. Mai 2024. https://tinyurl.com/399y5nke.

Zeller, Benjamin E. *Heaven's Gate: America's UFO Religion*. New York: New York University Press, 2014.

2004: DIE TINLEY-PARK-SICHTUNGEN

Holliday, Doc. „When Hundreds in Illinois Saw the Same Massive UFO Twice." *100.9 The Eagle*. 8. August 2023. Abgerufen am 2. Mai 2024. https://tinyurl.com/4kmn5ujw.

Lowth, Marcus. „UFOs Over Illinois—The O'Hare, Tinley Park, and St. Clair Sightings." *UFO Insight*. Aktualisiert am 9. November 2021. Abgerufen am 2. Mai 2024. https://tinyurl.com/y8f6w5br.

2004: DER TIC-TAC-VORFALL

Chasan, Aliza. „The Story Behind the ‚Tic Tac' UFO Sighting by Navy Pilots in 2004." *CBS News*. 26. Juli 2023. Abgerufen am 2. Mai 2024. https://tinyurl.com/4bawvhue.

Daugherty, Greg. „When Top Gun Pilots Tangled with a Baffling Tic-Tac-Shaped UFO." *History*. Aktualisiert am 2. Oktober 2023. Abgerufen am 2. Mai 2024. https://tinyurl.com/4hvy688e.

2005: DIE PLANET-SERPO-AKTE

Didymus, John Thomas. „NASA Allegedly Sent Human Astronauts to an Alien Planet in 1965." *Inquisitr*. 13. August 2015. Abgerufen am 2. Mai 2024. https://tinyurl.com/yvsrftz6.

Kasten, Len. *Secret Journey to Planet Serpo: A True Story of Interplanetary Travel*. Rochester, VT: Inner Traditions, 2013.

2006: DIE SICHTUNG AM O'HARE AIRPORT

Anonymous. „Chicago O'Hare UFO Incident." *The UFO Database*. o. D. Abgerufen am 2. Mai 2024. https://tinyurl.com/469mhavh.

2007: DIE ALDERNEY-SICHTUNG

Anonymous. „Pilot Spots ‚UFO' Over Guernsey." *BBC*. Aktualisiert am 25. April 2007. Abgerufen am 2. Mai 2024. https://tinyurl.com/59smcwrn.

Haines, Lester. „UK Airline Pilots Spot Giant UFO." *The Register*. 27. April 2007. Abgerufen am 2. Mai 2024. https://tinyurl.com/29znba56.

2008: DIE STEPHENVILLE-SICHTUNGEN

Janowitz, Nathaniel. „15 Years Ago, UFO Sightings Rocked a Small Texas Town. The Mystery Remains." *Vice*. 29. September 2023. Abgerufen am 2. Mai 2024. https://tinyurl.com/h3fcdzet.

Kennedy, William. „Inside the Stephenville, Texas UFO Sightings of 2008." *Grunge*. 20. September 2023. Abgerufen am 2. Mai 2024. https://tinyurl.com/52njemum.

2023: REGIERUNGSANHÖRUNGEN ZU UAPS

Cooper, Helene. „Lawmakers and Former Officials Press for Answers on U.F.O.s." *New York Times*. 26. Juli 2023. Abgerufen am 2. Mai 2024. https://tinyurl.com/34rwsz3p.

ABBILDUNGSNACHWEIS

ALAMY: Ajotte Collection: 130; All Canada Photos: 68; Almondvale Photography: 136; Charles Walker Collection: 32, 92; Chronicle: 40, 46, 48, 52, 70, 72, 86, 96, 98, 106, 144, 166; Hansard Collection: 154; History and Art Collection: 132; Susie Kearley: 140; Retro Ad-Archives: 84; Colin Waters: 74; World History Archive: 94, 104

AP IMAGES: Ed Kolenovsky: 142

BRIDGEMAN IMAGES: REUTERS/Reuters TV: 184

AARON LOWELL DENTON: iii, v

COURTESY OF FBI: 82

COURTESY OF FLATWOODS MONSTER MUSEUM: 64

COURTESY OF FOLGER SHAKESPEARE LIBRARY: 16

GETTY IMAGES: Bruno Torricelli/RDB/ullstein bild: 126; DigitalVision Vectors: clu: 28; E+: gremlin: 190; simonbradfield: 134; iStock/Getty Images Plus: Bill Chizek: 50; homeworks255: 170; jmsilva: 192; jw001: 196; ktsimage: 38 top; Mordolff: 186; simonbradfield: 128; Jacob Wackerhausen: ix Mitte, 112; Vetta: CSA Images: 42

IMAGN: © News Journal: 158

COURTESY OF INTERNET ARCHIVE: 38 unten; 108

SARAH JUN: 156, 176

COURTESY OF LIBRARY OF CONGRESS: 20, 56, 58

MARY EVANS PICTURE LIBRARY: 26

COURTESY OF MINNEAPOLIS ART INSTITUTE: 10

COURTESY OF NASA: Bill Dunford: 30; Joel Kowsky: 198; MSFC: 44

COURTESY OF NATIONAL ARCHIVES: ii unten, ix oben, xi, 54, 62, 90, 120

COURTESY OF NEW YORK PUBLIC LIBRARY: 12

COURTESY OF RAWPIXEL/ART INSTITUTE OF CHICAGO/THE STICKNEY COLLECTION: x

SHUTTERSTOCK.COM: AJPB: 164; Andrey_I: 124, 178; Fred Michael Aspli: 174; Ivan Alex Burchak: überall (Sternenhimmel); canbedone: 102; chris276644: 194; Dean Clarke: 168; cristi180884: 148; Eugene Deacons: 4; Fer Gregory: 172; FrentaN: 6, 16 (Buch); Gatteriya: ix, 22 (Diarahmen); GTW: 116; ivanGrabilin: 138; Jack R Perry Photo: 110; JM-MEDIA: 180; JoeyMiller17: 122; Jojoo64: 34; LiliGraphie: 12 (Seiten); Liu Zishan: 78; LMPark Photos: 22; Alex Marakhovets: 14; Regi Munandar: ii, 24 (Notizbuch); pashabo: ix, 28, 66; (Rahmen); rahulraju: 88; stellamc: 162; The Art of Pics: 152; Karen Thornhill: 160; trekandshoot: ix (TV); Jaclyn Vernace: 114

SUPERSTOCK: Universal Images: 76

TOPFOTO: 36

COURTESY OF UCLA CHARLES E. YOUNG RESEARCH LIBRARY DEPARTMENT OF SPECIAL COLLECTIONS: 66

COURTESY OF UNIVERSITATSBIBLIOTHEK KASSEL: 2

COURTESY OF WIKIMEDIA COMMONS: ii oben, 24, 6, 60; FBI: 150; David James Henry: 80; Iwase Bunko Library: 18; Joe Mabel: 146; Navy2004: 100; National Institute of Standards and Technology: 118; Oluap2512: 182; United States Navy: ix unten; 188

COURTESY OF ZENTRALBIBLIOTHEK ZURICH: 8

REGISTER

J

K

L

M

N

O

P

R

S

T

U

V

W

X

Z

ÜBER DEN AUTOR

Sara Greer

Geboren in der düsteren Marinestadt Bremerton und aufgewachsen in den südlichen Vororten von Seattle, begann **JOHN MICHAEL GREER** zu schreiben, sobald er einen Stift halten konnte. Er lebt mit seiner Ehefrau Sara in Cumberland, Maryland, und dient als Erzdruide im 1912 gegründeten Alten Orden der Druiden in Amerika (AODA). Er schreibt über ein halbes Dutzend Sachgebiete, die sich fast alle mit der Wiederbelebung vergessener Ideen, Erkenntnisse und Traditionen der Praktik aus dem Müllhaufen der Geschichte beschäftigen. Darüber hinaus betreibt er den Blog Ecosophia, der sich mit unerklärten Phänomenen befasst und über 150.000 Besucher pro Monat verzeichnet. Sie finden ihn unter Ecosophia.net